Discord

全 方 位 工 具 書

基本操作
伺服器設置

完全解說

感謝您購買旗標書，
記得到旗標網站
www.flag.com.tw
更多的加值內容等著您⋯

<請下載 QR Code App 來掃描>

● FB 官方粉絲專頁：旗標知識講堂、從做中學 AI

● 旗標「線上購買」專區：您不用出門就可選購旗標書！

● 如您對本書內容有不明瞭或建議改進之處，請連上
旗標網站，點選首頁的 聯絡我們 專區。

若需線上即時詢問問題，可點選旗標官方粉絲專頁
留言詢問，小編客服隨時待命，盡速回覆。

若是寄信聯絡旗標客服 email，我們收到您的訊息
後，將由專業客服人員為您解答。

我們所提供的售後服務範圍僅限於書籍本身或內
容表達不清楚的地方，至於軟硬體的問題，請直接
連絡廠商。

學生團體　　訂購專線：(02)2396-3257 轉 362
　　　　　　傳真專線：(02)2321-2545

經銷商　　　服務專線：(02)2396-3257 轉 331
　　　　　　將派專人拜訪
　　　　　　傳真專線：(02)2321-2545

國家圖書館出版品預行編目資料

Discord 全方位工具書 - 基本操作、伺服器設置完全解說
邦卡 著. -- 初版. -- 臺北市：旗標科技股份有限公司，
2024.01　面；公分

ISBN 978-986-312-775-8 (平裝)

1. CST: 網路社群　　2. CST: 即時通訊

312.161　　　　　　　　　　　112021294

作　　者／邦卡 著

發 行 所／旗標科技股份有限公司
　　　　　台北市杭州南路一段15-1號19樓

電　　話／(02)2396-3257(代表號)

傳　　真／(02)2321-2545

劃撥帳號／1332727-9

帳　　戶／旗標科技股份有限公司

監　　督／陳彥發

執行企劃／劉樂永

執行編輯／劉樂永

美術編輯／蔡錦欣

封面設計／古杰

校　　對／劉樂永

新台幣售價：599 元

西元 2024 年 1 月初版

行政院新聞局核准登記-局版台業字第 4512 號

ISBN　978-986-312-775-8

讓你在經營社群的路上有更好的選擇

作者序

哈囉我是邦卡,謝謝你翻開了這本書。

成為作者一直是我人生願望清單 Top 5 的其中一項,很開心能夠以自己所熱愛的事物來達成這個夢想。

從學會使用網路以來,「遊戲」與「社群」這 2 個標籤就一路伴隨著我長大。學生的時代,我以遊戲玩家的身份,參與玩家的社群,和社群分享著遊戲的喜怒哀樂。出社會開始在遊戲公司工作以後,需要隨時在玩家與員工的角色之間切換。上班時我既是遊戲公司的員工,也要隨時以玩家的身分來設身處地的思考,社群的工作讓我能夠做為公司與玩家之間溝通的橋樑,對內代表遊戲玩家的聲音,站在玩家的角度向公司爭取權益;對外則代表公司的傳聲器,站在公司的立場,確保所有的訊息能夠正確的傳遞給玩家。這樣與社群互動的關係,可以適用到各種產業的社群工作者身上。

Discord 做為一個從遊戲社群誕生的社交工具,是許多遊戲玩家很熟悉的通訊軟體,尤其是對於年輕一代的玩家來說更是如此,但 Discord 絕對不僅僅只能在遊戲產業使用,只要有「社群經營需求」的存在,就有 Discord 可以發揮的場合。「遊戲」本身就是一個自帶話題與社群需求的產業,對於有些網路遊戲來說,遊戲甚至就是一個社會的縮影,連社群需求如此複雜的產業都能夠滿足的軟體,其強大之處已經不證自明。

本書一共分成五大篇章，如果你是從來都沒有使用過 Discord 的新手，那麼第一、二篇能夠讓你了解 Discord 的歷史以及基礎的操作方式。對於那些已經熟悉 Discord 使用操作，但是不熟悉如何用 Discord 經營社群的人，可以從第三篇開始看起，整篇閱讀完後，你一定可以創建出屬於自己的 Discord 社群。第四篇提供了 6 個功能各異的伺服器模板，任何人都可以一鍵完成自己的 Discord 伺服器創建。第五篇則是收錄了來自各種不同產業的 Discord 社群經營者的第一手經驗分享，希望這本書能夠幫助你在使用 Discord 的路上更順利。

　　最後如果在閱讀本書上有什麼不清楚的地方，歡迎加入我所創建的「Discord 社群學院」伺服器，這個伺服器裡可以討論任何與 Discord 使用相關的話題，本書專屬邀請連結：https://discord.gg/pWWvjqtYuw

伺服器邀請連結

更多關於邦卡的資訊

CONTENTS

目錄

第 1 篇 Discord 的崛起與發展

01 從遊戲開發公司誕生的社群交流軟體

02 Discord 的獨特：網路社群的全新概念

第 2 篇 任何人都能快速
上手的Discord 使用指南

03 使用 Discord 前先了解伺服器的架構

第 3 篇 從 0 開始打造
你的專屬 Discord 伺服器

12 經營前的思考：Discord 社群的主題與定位

13 伺服器設定

14 頻道

15 身分組

第 4 篇 一鍵即可套用的
伺服器模板及場景運用

第 5 篇 實例放大鏡 -
伺服器案例分享

小秘訣

第 **01** 篇

Discord 的崛起與發展

多年來，社群、通訊軟體總是不斷推陳出新，曾經主流的工具也可能短短數年就淪為落伍、過時的代名詞。

近幾年從這個競爭激烈的環境中崛起的 Discord 是什麼來頭？又是什麼樣的特色讓 Discord 在各大軟體之中異軍突起？本篇將從起點開始，介紹這個功能強大且高度可客製化的新世代工具。

CHAPTER 01 從遊戲開發公司誕生的社群交流軟體

　　Discord 最初的概念源自於創辦人 Jason Citron 在 2012 年開發的一款遊戲裡面內建的玩家交流系統。那是一款專為行動裝置打造、玩法類似於《英雄聯盟》的多人線上競技遊戲，其名稱為《Fates Forever》。這款遊戲在商業面上並不成功，當時 Jason Citron 和其團隊了解到整款遊戲最有潛力的部分，是他們所開發的聊天系統。

　　在 2014 年的時候，大部分的遊戲玩家都還在使用 TeamSpeak 或是 Skype 進行線上的即時溝通，Jason Citron 和其團隊認為他們為《Fates Forever》設計的玩家交流系統有潛力做得更好。從那時候開始，公司就從原本的遊戲開發轉型為社群交流軟體開發。

　　Discord 創辦人 Jason Citron 從小就是重度遊戲玩家，大學因為太沉迷《魔獸世界》而差點無法畢業。他對於玩家的需求瞭若指掌，目標是將 Discord 打造成一個自由的網路空間：這裡沒有討人厭的商業廣告、也沒有各種算計的內容演算法，有的是一個可以找到歸屬感的網路空間，看到認識的朋友出現在語音或是文字頻道，你可以直接進去跟他打聲招呼，就像現實生活遇到朋友那樣。

1-1 口碑傳播奠定了在遊戲社群的地位

　　Discord 開始在網路上傳播，發生在 2015 年 5 月 13 日，因為那天有人在《Final Fantasy XIV》的 Reddit 子板（外國的知名網路論壇）發佈了 Discord 伺服器的邀請連結，讓大家可以進到裡面討論遊戲的最新資訊。從那天 Discord

在公開場合亮相後，每天都有越來越多的人因為朋友或是網路的介紹而註冊 Discord 帳號。

在遊戲社群的爆紅，也奠定了日後 Discord 在遊戲社群中的地位，許多遊戲實況主或是遊戲廠商都會使用 Discord 來經營自己的社群，導致往後有很長的一段時間，很多人一聽到 Discord 這個名字，就會直覺反應的跟遊戲社群畫上等號。但 2020 年創辦人就曾在訪問中提到，有超過 30% 的 Discord 伺服器其主題與遊戲完全無關。

1-2 疫情時代、AI 浪潮促使 Discord 加速發展

2019 年底爆發的 Covid-19 疫情，大幅改變了人們的生活方式和工作型態，遠端溝通變成了日常生活的一部分，連帶的也使得遠端通訊軟體蓬勃發展，包含像是 Skype、Slack、Webex、Zoom 還有 Discord 等等各大通訊軟體，都受益於這段時間大量的遠端溝通需求而有大幅的成長。

根據 Jason Citron 在外國媒體 protocol 的訪談，光是 2020 年的 2 月到 7 月，Discord 的全球用戶數量就增加了 47%。這些擁入的新用戶有很多都不是為了滿足遊戲社交而來的，他們在 Discord 上討論的話題跟遊戲完全沒有關係。從這個時候開始，Discord 團隊將部份重心轉移到滿足人們的日常聯繫、聊天、打發時間的功能需求上，像是把實況功能的觀眾人數上限從 10 人上調至 50 人，就是為了滿足線上會議、線上教學等等其他需求所做的努力。

Discord 在 2021 年底也正式突破了 1.5 億的月活躍用戶數，除了遊戲玩家連線交流以外，還有更多不同面向的使用情境，像是上班族用於遠端開會、學校用於遠距教學等等。這使得 Discord 的伺服器主題有更多元的發展，如今已不再是專屬於遊戲玩家，而是涵蓋各種內容的社群交流平台。

2022 年下半年開始爆紅的 AI 熱潮中，在 Discord 上最知名的莫過於 Midjourney 這個生成藝術（Generative Art）工具，整個使用過程都必須透過 Discord 才能完成。很多人因為 Midjourney 才第一次接觸 Discord。到了 2023 年初，Midjourney 的官方 Discord 伺服器人數甚至突破了 1000 萬人的大關，為 Discord 又寫下了新的歷史紀錄。

2023 年 6 月，Jason Citron 在 Bloomberg Technology Summit（彭博科技峰會）提到，目前 Discord 每月有超過 1.5 億用戶、有 75% 用戶來自於北美洲以外的地方，同時有超過 80% 的對話發生在規模比較小的伺服器，這些數據顯示 Discord 的使用人口還在不斷的增長中。

CHAPTER 02 Discord 的獨特：網路社群的全新概念

2-1 什麼是 Discord？

Discord 是一個功能強大的「社交通訊軟體」，它既擁有 LINE、Facebook Messenger 這種能夠和朋友進行私下聊天的通訊功能，也擁有像 Dcard、PTT 這種和不特定人進行公開討論的論壇環境，當然也可以設定成像是 LINE 社群、Facebook 社團這種只對特定人開放的互動交流空間。在設定上具有非常大的彈性，端看使用者想要在哪一種場景中使用。這本書會在第 4 篇提供具體的場景模板與介紹，讓新手也能夠一鍵套用模板，馬上擁有自己的 Discord 配置。

2-2 自社群論壇

資深一點的網路使用者一定都對於 BBS（Bulletin Board System，電子佈告欄系統）不陌生。Discord 在整個架構和使用概念上其實與 BBS 非常相近，搭配了簡單易用的介面和各種技術的串接；如果是比較現代的例子，大家可以想像 Dcard 或是巴哈姆特的主題看板形式。不管是 BBS、Dcard 或巴哈姆特，論壇／看板都是由站方統一來進行管理，現在透過 Discord，只需要點擊幾個按鈕，就可以擁有屬於個人的社群論壇。

不過擁有社群論壇只是一個開始，要改造成心中理想的網路空間還需要不少努力，這本書會在第 3 篇中詳細說明如何客製化自己的 Discord 伺服器。

Discord 具有如此大的客製化彈性，兼具通訊、社交以及論壇等方面的功能，既擁有自媒體的屬性，又與社群脫離不了關係，儼然就是一個行動版的論壇，有沒有一個能夠完美詮釋這整個概念的名字？這時從筆者的腦海中跳出了「自社群論壇」這個字眼。

「自社群論壇」一詞裡面包含了 3 個要素：

● 「自」：自媒體指的是個人可以透過網路上的工具向不特定的多數人傳遞自身的想法與價值觀。這個「自」的意思是私有化、個人化、普及化的意思，Discord 讓每個人都可以隨心所欲的免費擁有無數個自己的社群論壇。

● 「社群」：一群人因為共同的目的與價值觀，而聚集在特定的根據地，就能夠形成一個社群。Discord 的社群論壇提供了一個在網路上的空間（根據地），讓人們能夠聚集。

● 「論壇」：網路上的論壇，也可以理解為討論區，在其中的每個人都可以透過訊息來交流與互動。

2-3 Discord 的特色

市面上在通訊、社交、論壇上的同質性產品非常多，除了集 3 種功能於一身的獨特性之外，Discord 還有幾點特色是你不能錯過的。

特色 1：沒有商業廣告、沒有內容推薦演算法

市面上有很多平台的商業模式，是在平台上投放商業廣告給使用者，平台方藉此賺取廣告收益。使用者雖然可以免費使用，但是會不斷的被各種廣告轟炸。Discord 完全不走這個模式，上線至今不曾出現過任何商業廣告，只有偶爾 Discord 舉辦特殊活動時（譬如週年慶），才會讓使用者看到

一些活動訊息，平常 Discord 的使用者可以完全沉浸在與社群成員的交流與互動上。

做為「自社群論壇」而存在的 Discord，使用者可以決定要加入哪些主題的交流空間，而不是像 Facebook、Instagram、Tiktok、YouTube 這種由系統依照演算法來推薦內容的模式。因此使用者需要自己決定想要在 Discord 看到哪些內容，Discord 的管理者也不用花心思考如何用聳動的標題來吸引大家的目光，而是需要思考如何提供價值給社群成員、確保社群擁有良好的交流環境，讓社群成員願意分配更多的時間將注意力留在 Discord 上。

特色 2：免費使用、完整體驗

雖然 Discord 也提供付費的服務（在第 11 章有詳細説明），不過付費解鎖的多半是與外觀顯示、品質提升相關的內容，譬如直播訊號可以從 720P 升級到 1080P。至於 Discord 基礎的功能則是完全開放給所有使用者，不會因為是免費用戶就少了某個必要的關鍵功能。

免費使用 Discord 來經營社群是完全可行的，即便是免費版的 Discord 伺服器，在伺服器人數、頻道或是訊息的數量上限都不會有所縮減。

特色 3：以社群為中心

Discord 的設計偏重以社群為中心，這並不意味著個人就不受重視，而是指所有的內容是圍繞著社群為中心做發展。每個社群都有比較重視的主題與想要達成的目的，社群成員多半也是出於對主題的興趣以及想要達成相同的目的才會參與其中。在第 12 章針對 Discord 社群的主題與定位有更多的著墨。

因為性質的不同，在 Discord 的社群經營心態上會更重視維持社群的和諧與友善的交流環境。如何讓社群成員們願意持續的待在社群中與其他成員交流，會是管理者要面對的主要課題。

特色 4：獨一無二的使用者體驗

因為 Discord 擁有高度的可客製化彈性，使得每一個用 Discord 成立的「自社群論壇」都是獨一無二的存在，很多還衍生出了自己的潛規則與特色文化。甚至因為 Discord 能夠做到很細緻的分眾管理設定，使得不同的社群成員在同一個「自社群論壇」裡面，會因為身份的不同而看到不一樣的內容、行使不一樣的權益，進而有不同的社群體驗。

要做到上一段提到的內容，管理者需要下很多功夫在設置與管理上面，在本書的第 5 篇會請到一些實際營運 Discord 的社群管理者與大家分享經驗談。

2-4 與其他軟體的比較

目前社群軟體可以依據使用情境分成兩類。有些以分享個人資訊、追蹤名人和品牌為主，例如：Facebook、Instagram、Tiktok、Twitter、YouTube 都是屬於這個類型；以及另一些是用來與人溝通、聯繫為主，例如：LINE 群組、Facebook 社團、Slack 都是屬於這個類型。

Discord 在分類上偏向於與人溝通、聯繫為主，而且兼具朋友交流、團體工作、經營粉絲群等應用。以下從這 3 項功能出發，簡單比較市面上主流的相關軟體。

朋友交流

以往朋友、同好之間的交流通常是使用通訊軟體的群組功能，但功能多半有一些不完備之處。例如 Facebook Messenger 的歷史搜尋功能很陽春、LINE 有檔案保存期限。最重要的是 Discord 可以分隔頻道，讓話題分頭進行，甚至也能同時進行許多視訊、語音通話而不會互相打擾。

團體工作

Slack 是目前企業常用的協作工具，雖然功能強大，但很多重要功能都必須付費才能使用，例如多人通話、永久保存訊息紀錄等。而 Discord 的免費版與付費版之間則幾乎沒有功能的差異，免費就能體驗完整功能。

經營粉絲群

傳統的 Facebook 粉絲專頁是經營者的個人舞台，粉絲之間很難交流；Facebook 社團裡雖然所有人都能發文討論，但文章也需要和其他貼文一起在演算法之中競爭，可能成員根本看不到社團的文章。

比較新的 LINE 社群雖然有類似頻道分類的功能（主題），但沒有通話、視訊、傳送檔案等功能，也不能加裝各式各樣的第三方應用程式，難以像 Discord 一樣營造出獨一無二的交流空間。

第02篇

任何人都能快速上手的 Discord 使用指南

　　不論是初次接觸 Discord 的人，或是對 Discord 的詳細功能還不熟悉的使用者，都能在本篇更加瞭解 Discord 的介面及各種功能的操作方式。

03 使用 Discord 前先了解伺服器的架構

Discord 從 2015 年上線以來，歷經無數次的版本更新，一直以其獨特且高度可客製化的架構，在社交通訊軟體領域上佔有一席之地。對於初次使用的人來說，可能會因為無法了解 Discord 的組成架構與使用邏輯，而對 Discord 的使用介面感到困惑，甚至是覺得複雜、難以上手。本章將會帶大家瞭解整個 Discord 伺服器的架構。關於這些架構的細節與設置方式，請見第 3 篇各章的說明。

3-1 什麼是 Discord 伺服器？

在其他社交通訊軟體的使用上，一群人因為特定的目的或主題而聚集在一起的場域，會被稱為群組、社團、社群，在 Discord 則是被稱為「伺服器」。這個「伺服器」不是大家普遍認知那種企業使用的高科技電腦產品，而是由使用者創建，用來與特定或不特定人交流的場域，因此只要把 Discord 伺服器理解成是一種群組、社團、社群就可以了。

一個 Discord 伺服器主要由四大核心系統所構成，分別是：

1. 頻道

2. 身分組

3. 權限

4. 應用程式

3-2 頻道

　　構成 Discord 伺服器的基本單位。每個 Discord 伺服器最多可以擁有 500 個頻道，每個頻道都可以想像成是獨立聊天室的概念。在同個伺服器裡的社群成員，能夠在各個頻道間穿梭，每個頻道都可以各自有正在進行中的對話。這樣的好處是能夠依據需求設立不同主題的頻道，社群成員可以造訪感興趣的頻道，駐足其間與其他人交流。Discord 完全不會因為聊天室無法拆分，而導致各種話題混雜在一起，難以順暢討論的窘境。只要有分隔話題的需求，讓管理員開一個新的頻道就行了。

　　頻道依據權限設定的不同，又可以再區分成以下兩種：

公開頻道（Public Channel）

伺服器內所有社群成員都可以看到的頻道。

私人頻道（Private Channel）

限定只有某些社群成員才能夠看到的頻道。

討論串（Thread）

　　雖然頻道是構成 Discord 的基本單位，但是在文字頻道裡面可以對特定的訊息再建立更小單位的討論區，讓大家可以針對某則訊息做延伸的討論。這種小討論區稱為「討論串」，討論串依據能夠看到的成員不同，還可以再分為所有人都可以瀏覽的「公開討論串」及僅有特定成員才可以瀏覽的「私人討論串」。

大部分社交通訊軟體只能用系統將成員區分成管理員、版主和普通成員這幾種層級，而每個 Discord 伺服器最多可以設定 250 個身分組，每個身分組都可以想像成是一種公開的身分標籤。身分組系統能夠將伺服器內的社群成員做分眾，要依據什麼樣的條件來設定身分組，完全取決於伺服器管理員的想法。舉例來說，你可以使用區隔變數，像是地理變數、年齡變數來設定身分組，前提是社群成員願意準確的揭露自己的個人資訊，否則就只是設定趣味的；也可以透過 Discord 和其他第三方應用程式連接的功能來設定身分組，譬如和 YouTube 的帳號連結，就可以設定給予有訂閱 YouTube 頻道的社群成員獨特的身分組。

除了部分由系統判定條件來分配的身分組之外，大部分的身分組都可以開放讓社群成員自行選取，或是由管理員手動指派。這些身分組除了用來辨識，還可以再搭配上「權限」的功能，對每個身分組指派獨一無二的權限設定。

舉一個使用情境來說明：如果設定「高級頻道」只讓擁有「高級會員」身分組的社群成員才能瀏覽，那麼其他沒有「高級會員」身分組的社群成員就會無法瀏覽「高級頻道」的內容，輕輕鬆鬆就完成了「限定內容」的效果。

MOD（版主）

MOD 是 Moderator 的縮寫，泛指 Discord 的版主。這些版主擁有比一般社群成員更高權限的身分組，功能通常是協助伺服器管理者來維持整個伺服器的秩序。比較小型的伺服器有可能是伺服器管理者自己擔任，中大型的伺服器則通常是伺服器管理者團隊的成員，又或者是招募比較積極主動的社群成員來擔任。

MOD（版主）的職責，包含像是刪除違規的訊息、針對惡意來搗亂的人進行禁言或是踢出伺服器的處置，總總這些需要維持頻道內秩序的工作，通常都是由 MOD（版主）來執行。

3-4 權限

權限是決定社群成員能夠在伺服器內執行何種行為的設定。像是瀏覽頻道、輸入訊息都是行為的一種，每種行為都需要有相對應的權限才可以執行，伺服器管理員能夠決定每個頻道、身分組的權限要如何設置。

當每個頻道、每個身分組都有不同權限設定時，就能夠做到很多延伸的運用。譬如有訂閱 YouTube 頻道的社群成員可以取得「Youtube 訂閱者」身分組，而有些頻道需要擁有「Youtube 訂閱者」身分組才能瀏覽和發言。

3-5 應用程式

這部分包含了「整合」以及「第三方應用程式」。對於使用者來說，這部分的功能都可以在 Discord 頻道裡面直接操作，只不過要特別小心資訊安全的問題，因為並不是所有第三方應用程式都是 100% 安全的。

第三方應用程式也常常被稱為「機器人」，因為這些第三方應用程式執行功能時通常會在 Discord 的頻道中發言，發言顯示的帳號資訊都會很清楚的被標識為「機器人」。

CHAPTER 04 這就是 Discord，快速了解 Discord 的介面

一個 Discord 帳號可以在多個平台上同時運行，也就是説只要擁有一個 Discord 帳號，你就可以同時在以下提到的平台上開啟。像筆者平常都是 1 個帳號同時登入 5 個平台，包含 Windows 桌上型電腦 1 個、Mac 筆電 1 個、手機 2 個（分別是 Android 和 iOS 裝置）、平板 1 個。多平台同時登入 的好處有以下幾點：

1. 可以把一些訊息或檔案透過 Discord 來傳輸到不同的裝置上，只需要發 送訊息給自己的帳號就可以了。

2. 不錯過任何重要訊息，因為所有裝置都可以看到 Discord 的訊息與通知。

Discord 能夠運作的平台：

- 電腦（包含 Windows、Mac、Linux 系統）

- 手機及平板（包含 Android、iOS 系統）

- 瀏覽器（也就是俗稱的網頁版）

另外目前 Discord 的語音功能也可以在以下的幾種電玩主機使用（注意 僅有語音與直播功能）：PlayStation 5、XBOX SERIES X、XBOX SERIES S。

4-1 如何申請 Discord 帳號

完整的 Discord 帳號申請流程包含以下 4 個步驟，完成步驟 2 其實就已 經完成 Discord 的帳號申請了。完成步驟 3 的信箱驗證能夠讓你的帳號加 入一些安全性設定比較高的 Discord 伺服器，如果想要完整體驗 Discord

的魅力，請一定要完成。步驟 4 則是可以大幅的提高 Discord 帳號的安全性，大大的降低帳號被盜取的機會，強烈建議讀者一定要完成以下所有的步驟。

步驟 1：前往 Discord 官方網站

首先開啟 Discord 的官方網站：https://discord.com/

然後點擊出現在網頁右上方的「login（登入）」按鈕。

▲圖 1

接著點擊出現在登入按鈕下方的「註冊」字樣。

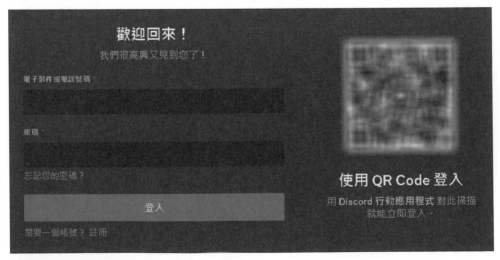

▲圖 2

步驟 2：填寫「建立新帳號」資訊

第 2 步驟開始填寫建立新帳號所需的資訊，包含電子郵件、使用者名稱、密碼、出生日期以及勾選是否要接收來自 Discord 官方的電子郵件。

要注意，註冊之後就無法修改出生日期。除了生日以外的資訊都可以再修改。Discord 會用生日資訊來檢驗是否符合使用條款中的最低年齡限制（13 歲），以及是否能進入設有年齡限制的頻道（18 歲）。

此外，「使用者名稱」必須獨一無二，如果出現「使用者名稱無法使用。請嘗試新增數字、字母、底線 _，或英文句號。」的提示訊息，就代表目前的名稱已經有人使用。雖然使用者名稱可以在日後變更，但也一樣不能修改成和他人相同的名稱。

填寫完成按「繼續」之後，會跳出一個檢測你是否為人類的頁面，這是為了防堵一些自動申請帳號的腳本機器人，完成驗證後就可以開始使用 Discord 了。

▲ 圖 3

▲ 圖 4

接下來的步驟需要完成電子郵件的認證，有些時候 Discord 會在你登入帳號前就先要求完成認證，你會看到如下的畫面。

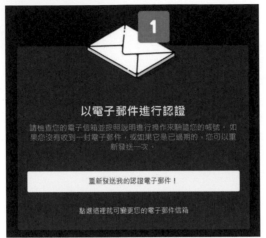

◀ 圖 5

你也可以選擇先登入 Discord 帳號之後，再進行信箱的驗證。信箱驗證與否將會嚴重影響到 Discord 的功能（未驗證的帳號無法加入有安全性設定的伺服器），所以當務之急是到註冊帳號時填寫的電子郵件收取驗證信，然後點擊「驗證郵件（Verify Email）」按鈕完成驗證。

◀ 圖 6

成功完成驗證後，可以看到以下的畫面。

▲ 圖 7

接著登入 Discord 後，首先會看到系統詢問是否要建立自己的第一個 Discord 伺服器。伺服器可以理解為是一種群組的概念，在第 3 章有關於 Discord 架構及名詞的介紹。

這個畫面是可以先暫時略過的，只要點擊視窗右上角的叉叉即可。

▲ 圖 8

最後這個步驟不是必須的，但是開啟後能夠大大的降低 Discord 帳號被盜取的機會，詳細的開啟步驟會在第 6 章帳號安全做進一步的說明。

4-2 個人社交與社群社交介面

Discord 的使用者介面依據不同的使用情境可以分成 2 大類：

1. **個人社交**：這部分的體驗跟 LINE 非常的相似，兩個人只要互加好友就可以使用私人訊息一對一聊天，也能夠多拉幾個人組成群組聊天。不過 Discord 的群組聊天人數上限為 10 人，如果超過 10 人可以考慮直接成立一個 Discord 伺服器。

2. **社群社交**：這部分的體驗跟使用 LINE 社團或是 Facebook 社團有點相似，一群人因為某個主題或目的而聚集在一起。Discord 伺服器就是一個能夠容納不特定多數人的網路空間，目前伺服器的預設容量上限為 25 萬人。如果一開始你不知道該加入哪個 Discord 伺服器，歡迎加入我所創建的「Discord 社群學院」伺服器。這個伺服器裡可以討論任何與 Discord 使用相關的話題，也可以做為接下來介面說明的操作範例。
邀請連結：https://discord.gg/pWWvjqtYuw

4-3 電腦版 Discord 介面說明

Discord 在使用者介面的呈現上，通常都會混雜著「個人社交」和「社群社交」兩種功能，在使用上比較容易讓新手感到困惑，這也是為什麼大家對於 Discord 的第一印象都是有點複雜的原因之一。接著我們針對兩種不同的使用情境介面做詳細的拆解說明。

個人社交

在這個介面底下介紹的功能，絕大部分都與「個人社交」的功能息息相關。

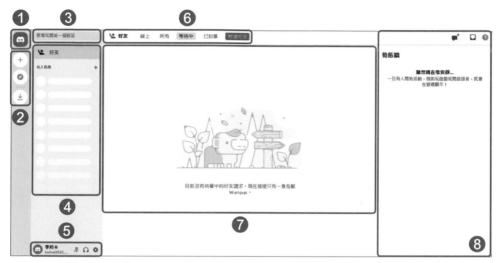

▲ 圖 9 點擊左上角的 Discord logo 就會來到這個畫面

第 1 部分：Discord logo

左上角的 Discord logo 是有功能的，點擊它就能夠跳轉到「私人訊息」的頁面，也就是在本章中所指「個人社交」的介面。

第 2 部分：伺服器列表

這邊會展示使用者 Discord 帳號已經加入的所有伺服器的列表，即使是在「個人社交」的介面也會看到。

第 3 部分：搜尋

可以搜尋伺服器、頻道和帳號的名稱。伺服器和頻道的部分包含你的帳號已經加入的伺服器，還有伺服器內你有權限觀看的頻道；帳號的部分包含好友以及與你的帳號處於同一個伺服器內的其他社群成員。設定好友暱稱之後，也可以用暱稱來搜尋（見 7-3 節）。

小秘訣 1 - 啟動搜尋快捷鍵

使用 Discord 時，可以隨時用 Ctrl + K 快速開啟搜尋功能。搜尋視窗也會列出最近開啟的數個聊天畫面，在同時進行多個對話時非常便利。

第 4 部分：好友對話紀錄

之前與好友或是群組的對話紀錄都會依照先後順序排列在此處。

第 5 部分：使用者設定

點擊自己的頭像及使用者名稱可以設定帳號的「自訂狀態」以及「切換帳號」；點擊麥克風及耳機的圖示可以調整兩者的開關；點擊齒輪圖案可以前往「使用者設定」的頁面。

第 6 部分：好友類別列表

點擊 Discord logo 右下方處的「好友」即可顯示好友類別列表，這個列表包含了各種與好友有關的分類與操作。分類的部分有「線上」、「所有」、「等待中」（已送出或是已收到的好友請求都會在這個類別底下）、「已封鎖」；操作的部分則是有「新增好友」的功能，可以輸入 Discord 使用者名稱來新增好友。

第 7 部分：好友列表

會依據在「好友類別列表」所選擇的類別顯示，可以在好友列表選擇要對哪一位傳送訊息、視訊通話以及語音通話。如果直接點擊任何一位好友的話，這個欄位會變成與該位好友的聊天視窗；若要返回好友列表狀態的話，需要再次點擊 Discord logo 右下方處的「好友」。

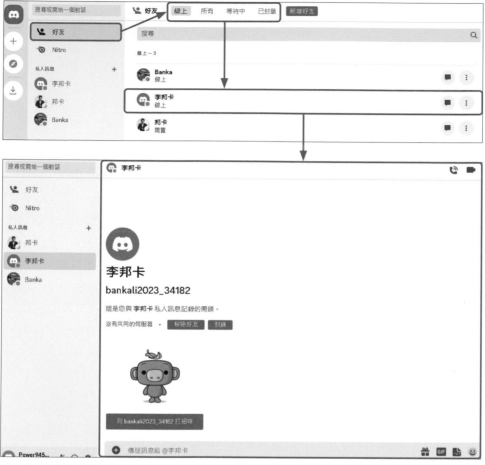

▲ 圖 10 開啟聊天視窗

第 8 部分：動態牆

　　好友之中如果有人開啟活動隱私中的「活動狀態」功能的話，當他們正在聽音樂、玩遊戲或是參加某個伺服器的公開舞台，就能夠在這個欄位看到他們的動態。

社群社交

　　點擊伺服器列表的任何一個伺服器圖示之後，就會進入這個介面。在這個介面底下介紹的功能，絕大部分都與「社群社交」息息相關。

▲ 圖 11 點選伺服器圖示就會來到這個畫面

第 1 部分：Discord logo

點擊它就能夠跳轉到「私人訊息」的頁面，也就是在上一段落介紹的「個人社交」的介面。

第 2 部分：伺服器列表

這邊會展示使用者的 Discord 帳號已經加入的所有伺服器的列表，即使是在「個人社交」的介面也會看到。

第 3 部分：伺服器名稱

點擊伺服器名稱會出現與伺服器相關的設定選單，如果是伺服器管理員的話，可以從這裡的設定選單進到「伺服器設定」。

第 4 部分：頻道列表

在伺服器列表點擊任何一個伺服器以後，這個欄位就會顯示為該伺服器內所有頻道的列表（沒有檢視權限的頻道則不會列出）。

第 5 部分：使用者設定

　　點擊自己的頭像及使用者名稱可以設定帳號的「自訂狀態」以及「切換帳號」；點擊麥克風及耳機的圖示可以調整兩者的開關；點擊齒輪圖案可以前往「使用者設定」的頁面。

第 6 部分：頻道資訊

　　這個欄位從左到右依序會顯示在頻道列表所選頻道的名稱、討論串、通知設定、已釘選的訊息、隱藏成員名單、搜尋欄、收件匣、説明。

- **討論串：**文字及公告頻道才有的功能，是基於特定訊息再建立的更小單位的討論區。

- **通知設定：**能夠針對此頻道需要通知的訊息類型進行設定，也能夠將頻道靜音。

- **已釘選的訊息：**文字及公告頻道才有的功能，可以將特定的訊息置頂。

- **隱藏成員名單：**能夠隱藏社群成員列表。

- **搜尋欄：**可以針對伺服器內的資訊進行搜尋，能夠使用關鍵字、發言者、日期等不同的條件。

- **收件夾：**各種你沒有留意到的訊息都會收納在這邊，包含好友邀請、未讀訊息以及你的使用者名稱或身分組被提及的訊息。

- **説明：**會連結到 Discord 官方英文版的幫助中心（網頁上方可選擇語言）。

第 7 部分：頻道畫面

　　這裡會顯示使用者在頻道列表所選頻道的對話內容。

第 8 部分：社群成員列表

　　這裡會顯示伺服器的社群成員名單。

4-4 2023 年 12 月手機介面改版

本書於撰寫的過程中恰逢 Discord 推出新版的手機介面,因此書中有部分內容的截圖是測試版的手機介面。新版與測試版兩者的手機介面在內容上大致相同,僅有在伺服器列表展示的形式以及部分介面的顯示圖案上有所差異。

新版手機的伺服器列表採用與電腦版相同的形式,對於原本就習慣使用電腦版的人來說是非常友善的設計。若想瞭解更多新版介面的資訊,可以參考官方的說明頁面(右方 QR code):

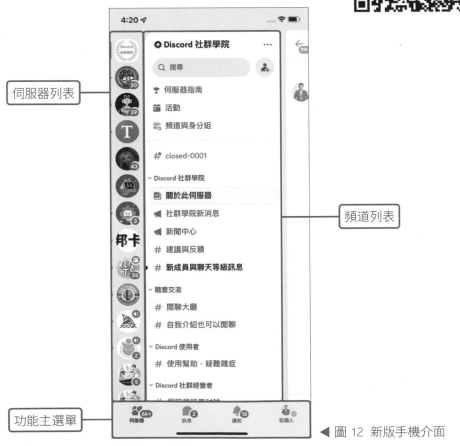

◀ 圖 12 新版手機介面

4-5 手機版 Discord 介面說明

Discord 在手機版本的使用者介面比起電腦版友善了許多，不再把「個人社交」和「社群社交」兩種功能混雜在一起，取而代之的是把主要的 4 個功能選單置於底部，分別是：「伺服器」、「訊息」、「通知」、「您個人」。

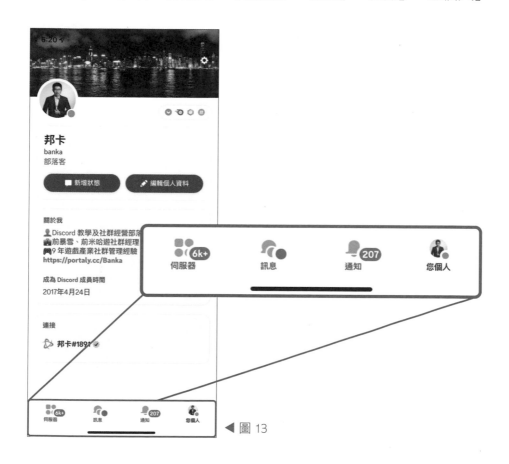

▲ 圖 13

....

伺服器

....

點擊伺服器以後，可以在介面左側看到與電腦版一樣的伺服器列表，點選任一伺服器的圖示以後，就進入到伺服器內部的頻道瀏覽介面（圖 14）。

▲ 圖 14 頻道列表

第 1 部分：伺服器名稱及功能列

　　點擊伺服器名稱會出現與伺服器相關的設定選單，如果是伺服器管理員的話，可以從這裡的設定選單進到「伺服器設定」。

　　在伺服器名稱的下方有兩個不同的功能，分別是搜尋欄、邀請好友。

- **搜尋欄：**可以搜尋伺服器的內容，詳細的介紹在 10-5 節。

- **邀請好友：**可以發送所在伺服器的加入連結給其他好友。

第 2 部分：重要資訊

緊接著的是伺服器重要資訊，在這個位置會顯示伺服器即將到來的活動（如果有的話），以及一些社群伺服器的功能頁面，如「培訓」功能的「伺服器指南」和「頻道與身分組」（見 15-4 節）。

第 3 部分：頻道列表

這部分可以再分成 2 區域。

- **最愛項目：**在手機版頻道長按頻道列表中的頻道，可以點選「最愛項目」，頻道就會移至列表的最上方。若要取消，可以再次長按後點選「移除最愛」。

- **伺服器預設頻道：**這邊顯示的是原本伺服器管理員所設定的頻道顯示順序。

訊息

點擊下方選單的「訊息」，就會看到圖 15 的介面。

第 1 部分：訊息請求及新增好友

- **訊息請求：**可以看到所有非好友的訊息通知以及被系統認定為垃圾訊息的濫發訊息。

- **新增好友：**可以在這裡新增好友，或是查看目前已送出或是已收到的好友請求。

▲ 圖 15 訊息列表

▲ 圖 16 點擊「新訊息」按鈕後的畫面

第 2 部分 搜尋欄及動態牆

這裡的搜尋欄可以使用名稱或暱稱來搜尋好友。

動態牆的部分可以看到好友的狀態，如果有人開啟活動隱私設定中的「活動狀態」功能的話，當他們正在聽音樂、玩遊戲或是參加某個伺服器的公開舞台頻道時，就能夠在這個欄位看到他們的動態。

第 3 部分：好友對話紀錄

這裡顯示好友或是群組的對話紀錄，會根據發生時間由新到舊、由上到下排序，點擊任何一列即可進到對話畫面。

第 4 部分：傳送訊息

右下角的「新訊息」按鈕具有多樣功能（見圖 16）：

新群組：可以建立群組聊天，人數上限為 10 人。

新增好友：能夠添加其他人的 Discord 帳號為好友。

好友列表：在這裡會顯示完整的好友列表，也可以透過上方的「搜尋」欄位進行好友的查找。

您個人

點擊您個人，接著再點擊畫面右上方的齒輪圖案即可進入設定選單的介面（圖 17）。

在您個人的頁面裡可以設定「新增狀態」及「編輯個人資料」，這些內容會在第 5 章進行說明；設定選單介面中包含帳號資訊以及應用程式的相關設定，在後面的幾個章節會陸續介紹到其中的內容，像是第 6 章帳號安全、第 7 章好友相關設定、第 9 章語音、視訊及直播功能、第 11 章 Nitro 功能介紹等等。

▲ 圖 17 設定選單

CHAPTER 05 打造充滿個人風格的 Discord 帳號

經過了上一章的說明，相信現在大家都已經擁有了屬於自己的 Discord 帳號。

第 5 章會教大家如何客製化自己的 Discord 個人資料。如果想要做更多的自我訊息揭露，讓其他使用者能夠透過個人資料頁面就能更認識你，還可以選擇將 Discord 帳號與其他外部平台帳號做連接，譬如連接 Instagram、Spotify、Steam、YouTube 等帳號。最終要不要揭露這些額外資訊的決定權都在你的手上，也可以選擇不做任何的自我訊息揭露。Discord 在匿名與實名之間沒有設下任何限制，端看使用者想要如何使用這個社交通訊軟體。

5-1 個人資料介面介紹

在說明如何調整個人資料之前，先來介紹 Discord 個人資料的介面。一般的個人資料會由以下的區塊構成，只要點開任何人的 Discord 資料都會顯示如下的畫面：

區塊 1 - 橫幅圖片

一般會員只能調整橫幅位置的色塊顏色，Nitro 會員可以設定靜態或動態圖片。

區塊 2 - 帳號顯示圖片

一般會員只能設定靜態圖片，Nitro 會員可以設定動態圖片。

區塊 3 - 使用者狀態

可以設置線上、閒置、請勿打擾或是隱形。

▲ 圖 1　個人資料介面

📓 小秘訣 2 - 如何修改使用者狀態

電腦版點擊 Discord 介面左下角的個人顯示名稱，接著選擇「線上」即可切換狀態。

▲圖 2

點選「線上」下方的「設定自訂狀態」可以輸入文字狀態，在其他人的好友列表或是在伺服器右側的社群成員列表就會看到如下的狀態：

▲圖 3

手機版點擊 Discord 右下角的「您個人」，接著再點擊自己的頭像就可以修改了。

如果是要修改自訂狀態的話，則是選擇上方的「新增狀態」。

NEXT

▲圖 4

區塊 4 - 徽章

　　類似成就的概念，達到特定的成就或是經歷可以解鎖。將滑鼠移動到每
個徽章上能夠看到更詳細的徽章説明。

區塊 5 - 顯示名稱、使用者名稱及人稱代詞／備註

這個區塊總共有 3 行。第 1 行是顯示名稱，因為可以使用任意符號和表情符號，有些人會取一些有趣的名稱或是當作近況更新使用（例如：小明@出國旅行中ヽ(✲ﾟ▽ﾟ)ﾉ）。這也是會呈現在聊天視窗的名稱。

第 2 行是使用者名稱，類似於 Discord 帳號名稱的概念，如果要加其他人為 Discord 好友，就需要對方的使用者名稱。雖然也可以在帳號設定自由修改，但只能使用英數字、英文句點和底線，而且不可與他人重覆。因為使用者名稱變化彈性比較少、一般狀況不會被看到、必須獨一無二，所以通常不會修改，尤其是曾經印在名片等公開資訊讓人認識的話更是不宜更改。

第 3 行是人稱代詞／備註，跟顯示名稱一樣可以可以隨心所欲的自由修改，可以做為補充的資訊欄。以上這些欄位的修改方式會在稍後的段落說明。

區塊 6 - 使用者資訊

這個區塊包含了以下的部分（設定方式也會在後面說明）：

● **關於我：** 使用者可以輸入最多 190 個字的內容（不論是半型或全型皆計算為 1 個字）。

● **成為 Discord 成員時間：** 該帳號註冊 Discord 的時間點。

● **備註：** 只有自己帳號可以看到的內容。舉例來說，我可以在小明的個人資料的備註處寫下「我最好的朋友」，但這個備註只有從我的 Discord 帳號點擊小明的個人資料才能夠看到，不會被小明本人或任何其他人看見，方便使用者留下對每個 Discord 帳號的一些小筆記。

● **外部平台帳號連結資訊：**Discord 目前提供 20 種不同的外部平台帳號可以連接，成功連接後，任何人都可以直接點擊在個人資料顯示的外部平台資訊連結去造訪該頁面。譬如點擊圖 1 所顯示的 Twitch 帳號，就可以直接跳轉到 Twitch 該帳號的頁面。

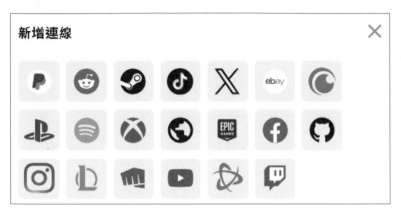

▲ 圖 5 目前 Discord 可連接的外部平台帳號

區塊 7 - 共同的伺服器

顯示有哪些伺服器是你與該使用者都有加入的，可以藉此找出彼此的共同點。

區塊 8 - 共同的朋友

顯示有哪些帳號是你們的共同朋友，可以藉此來判斷彼此交友重疊的範圍。

5-2 使用者與伺服器個人資料的差別

每個 Discord 帳號都有兩種資料可以做設定，一種是使用者資料，另外一種是伺服器個人資料。

● 使用者個人資料：帳號主要顯示的資訊。如果沒有額外設定「伺服器個人資料」的話，在加入每個伺服器後預設顯示的是「使用者個人資料」。

● 伺服器個人資料：可以針對每個伺服器都設定一組獨立的顯示資訊。譬如在一個以遊戲為主題的伺服器 A 可以寫下自己遊戲相關的資訊，在另外一個以旅遊資訊分享為主題的伺服器 B 可以寫下自己的旅遊經驗，能夠因應不同的場合設計不同的顯示名稱和自我介紹。

小秘訣 3 - 如何瀏覽他人的使用者個人資料

在電腦版介面中，如果伺服器中的成員在「伺服器個人資料」的頁面再點擊「檢視個人檔案」的話，就可以瀏覽該帳號設定的「使用者個人資料」。所以想要透過伺服器個人資料來掩蓋自己的使用者個人資料的話是行不通的，只要知道這個小秘訣就可以識破這個技倆。

▲ 圖 6 檢視個人檔案能夠看到該帳號的「使用者個人資料」

5-3 如何修改使用者資料與伺服器個人資料

電腦版設定

點擊 Discord 介面左下角個人顯示名稱右方的「齒輪圖案」（使用者設定），接著選擇「個人資料」即可進入使用者與伺服器個人資料的設定畫面。

▲ 圖 7 電腦版修改使用者資料與伺服器個人資料

手機版設定

點擊 Discord 介面右下角的「您個人」，接著選擇顯示名稱右下方的「編輯個人資料」，即可進入使用者與伺服器個人資料的設定畫面。

▲ 圖 8 手機版修改使用者資料與伺服器個人資料

5-4 使用者個人資料設定欄位說明

以下的內容有些部分是一般會員就可以使用的功能，有些則是需要 Nitro 會員才能夠解鎖。關於 Nitro 會員的完整說明會在第 11 章介紹。

顯示名稱

顧名思義，「顯示名稱」就是拿來顯示用的，在瀏覽 Discord 其他使用者的帳號時，第一時間看到的就是顯示名稱。另外顯示名稱並不具備唯一性，因此可以取跟別人一樣的顯示名稱，也可以隨時做修改。

根據 Discord 官方網站的說明，顯示名稱可以使用的字元如下：

● 包含特殊符號、空格、表情符號都可以使用。

● 可使用英文大小寫，以及非拉丁字母。

顯示名稱的限制：

● 顯示名稱至少須為 1 個字，最多 32 個字

● 顯示名稱必須符合 Discord 的社群準則。 以下為一些不符合規定的顯示名稱範例：

　● 假冒 Discord 、Discord 工作人員、或 Discord 系統訊息的顯示名稱。

　● 假冒個人、團體或組織的顯示名稱。

　● 包含攻擊他人的字詞、或是鼓勵針對受保護性別特徵的仇恨或暴力行為。

　● 包含色情內容的顯示名稱。

人稱代詞／備註

人稱代詞／備註會顯示在使用者名稱的下方，可以隨時做修改，不過只有當其他人點擊你的個人檔案時才會看到。

頭像

這個頭像會顯示在 Discord 伺服器右側成員列表，也會在頻道發言時在顯示名稱的左邊出現，是個人帳號中很重要的視覺元素。

一般會員只能設定靜態圖片；Nitro 會員可以設定動態圖片，也可以從 Discord 提供的 GIF 檔案庫中挑選喜歡的 GIF。頭像可以隨時更換。

個人資料橫幅

點擊個人檔案時會顯示在頭像上方的橫幅圖案。一般會員只能調整橫幅位置的色塊顏色；Nitro 會員可以設定靜態或動態圖片，也可以從 Discord 提供的 GIF 檔案庫中挑選喜歡的 GIF。個人資料橫幅可以隨時更換。

個人資料主題

Nitro 會員限定的功能，能夠調整個人資料的底色以及邊框顏色，使個人資料整體視覺更加光彩奪目。

關於我

這個欄位最多能夠輸入 190 個字的內容（不論是半型或全型皆計算為 1 個字），也可以使用表情符號（emoji），甚至能使用 8-3 節介紹的文字效果，放上的網址也會直接變成超連結。

舊版使用者名稱徽章

過去 Discord 舊版的使用者名稱除了文字部分之外，還包含 # 字號以及後面的 4 碼數字。擁有舊版使用者名稱的帳號勾選此選項後，就能夠在徽

章的區塊顯示一個「舊版使用者名稱徽章」，上面會標註過去使用的舊版使用者名稱。這是在新、舊版使用者名稱的改版過渡時期，Discord 為了方便使用者辨識身分而設置的功能。

5-5 伺服器個人資料設定欄位說明

大部分的資料設定欄位都與「使用者個人資料」相同，只有 2 個選項有些微的差異。

選擇伺服器

因為每個伺服器都能夠設定一組獨立的顯示資訊，在這個欄位可以選擇想要編輯哪個伺服器顯示的個人資料。

伺服器暱稱

這個設定只有在單一伺服器中的右側成員列表和頻道發言有效，在其他地方看到的顯示名稱就會是「使用者個人資料」的設定。譬如說在伺服器中有社群成員加你為好友，在同意成為好友之後，對方在他的好友名單中看到的就會是你在「使用者個人資料」中所設定的顯示名稱。

5-6 外部平台帳號連結

在本章開頭的個人資料介面介紹的區塊 6 有提到外部平台帳號連結，可以讓使用者做更多的自我訊息揭露，讓其他人更進一步的認識你。

電腦版設定

點擊 Discord 介面左下角個人顯示名稱右方的「齒輪圖案」（使用者設定），接著選擇「連接」，就可以看到目前 Discord 支援的外部平台，目前有 20 種（如圖 5 所示），隨著 Discord 的改版，後續應該會加入更多的外部平台。

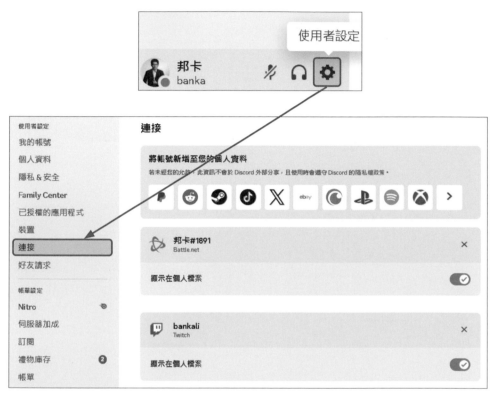

▲ 圖 9 電腦版外部平台帳號連結設定

手機版設定

雙擊 Discord 介面右下角的「您個人」，接著選擇帳號設定類別底下的「連接」，然後再選擇右上角的「加入」，即可看到目前支援的外部平台選單。

▲ 圖 10 手機版外部平台帳號連結設定

外部平台帳號連結流程

外部平台的連接過程，只要照著 Discord 的系統指引即可。在過程中會需要使用者登入欲連接的外部平台帳號，最後授權 Discord 與外部平台帳號連接即可完成。因為帳號連接可能會涉及到一些個人的資料隱私相關的議題，要不要授權給 Discord 做外部帳號的連結，就留給使用者自行判斷。

以下使用 Discord 與 Twitch 帳號的連結做為說明範例，一共會經歷 4 個步驟。

步驟 1：登入 Twitch 帳號

在 Discord 支援的外部平台清單中點選 Twitch logo 的圖示以後，會跳出帳號登入的視窗，要求使用者登入想要與 Discord 帳號連接的 Twitch 帳號。

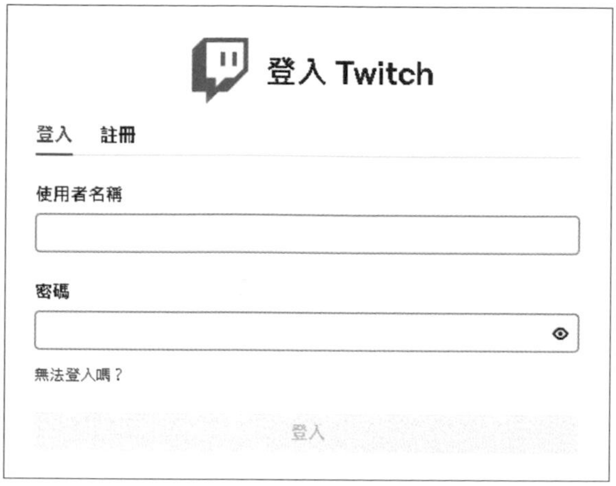

▲ 圖 11 登入 Twitch 帳號

步驟 2：輸入 Twitch 驗證登入代碼

接著需要先登入 Twitch 帳號。如果是從新裝置或新位置登入的話，Twitch 的系統會要求使用者先輸入驗證登入代碼。

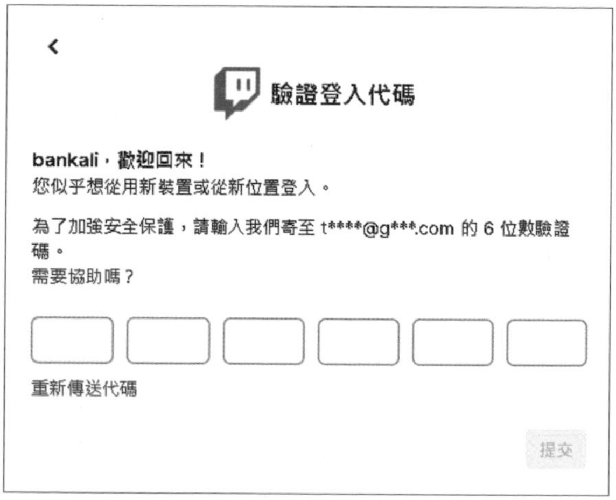

▲ 圖 12 輸入 Twitch 驗證登入代碼

步驟 3：確認授權連接

第一次連接的 Twitch 帳號，在成功登入以後會跳出一個連接授權。如果確定要進行連接，點擊最下方的「Authorize」（授權）按鈕即可。

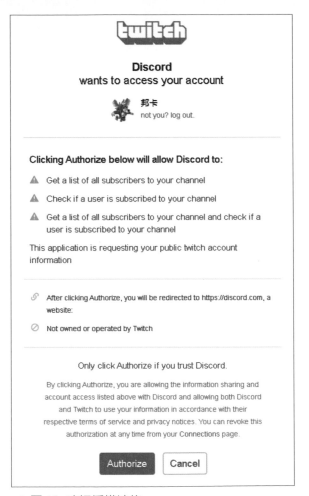

▲ 圖 13 確認授權連接

步驟 4：完成連接

接下來就會顯示正在連接的畫面，等待以下的畫面顯示為完成，就代表正式完成帳號的連接了。

▲ 圖 14 確認授權連接

接下來就可以回到 Discord 的「連接」選項，看看是否要讓 Twitch 帳號的資訊顯示在個人資料頁面。

▲ 圖 15 顯示在個人檔案

保護帳號安全，
資安意識不能少

　　資安是資訊安全的簡稱，是網際網路普及的現代人每天都會遇到的課題。除了透過專門的軟體或工具來保護之外，了解幾個簡單的基本概念就可以大大提升你的網路資產的安全度。

　　Discord 做為社交通訊軟體，每個帳號或多或少都與其親朋好友或是伺服器裡的成員建立了基礎的信任關係，因此很多網路駭客就會盯上這一層信任關係，來盜取 Discord 帳號做起詐騙的勾當；更甚者有些 Discord 帳號本身擁有伺服器管理員或是 MOD 的權限，盜取到這樣的帳號還能夠直接做出對整個伺服器有影響力的事情，譬如發佈全伺服器的公告訊息或是修改伺服器設定，所以千萬不能小覷自己的帳號若是落入不肖人士手裡的殺傷力。在如此危機四伏的網路環境下，懂得基本的資安概念以及開啟雙重驗證／二階段驗證就能夠避免絕大部分的風險。

6-1 使用 Discord 的基本資安守則

　　這裡的幾點算是在網路世界的通則，因為是通則所以很容易一不小心就被忽略，尤其是在使用一個自己相對不熟悉的軟體時，更可能放鬆了戒心。

守則 1：不要理會來路不明的私人訊息

　　在 Discord 可以傳送任何訊息給任何你不認識的帳號。很多來路不明的訊息都不懷好意，尤其是開頭就恭喜你中獎或是要送你一些免費獎勵（譬如 Discord Nitro 會員）的，不要懷疑，有 99.9% 都是詐騙，可以直接無視。

　　另外通常狀況下官方人員都不會主動傳送私人訊息，他們比較常會透過公告的方式讓使用者主動去聯繫，因此遇到號稱自己是官方人員的請務必要多方查證，因為詐騙者多半也會把 Discord 的帳號的外顯資訊偽裝得跟官方很像。

　　Discord 的訊息主要分成 3 大類，如何設定的部分請見「隱私 & 安全設定說明」的段落：

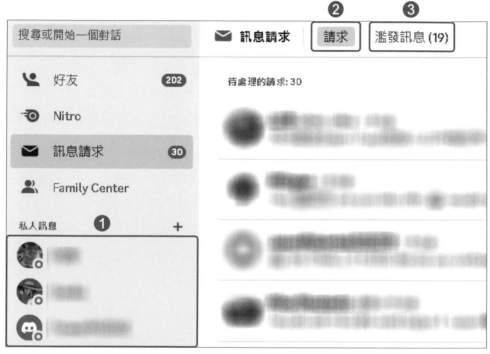

▲ 圖 1　訊息類型

第 1 類：私人訊息

　　這種訊息通常來自於已經成為好友的 Discord 帳號，大部分都是可信任的，但也有可能是好友的帳號被盜，然後駭客藉由好友的帳號發送詐騙訊息給你。不過只要嚴格遵照守則 2 與 3，不亂點來路不明的連結與檔案即可。

第 2 類：訊息請求

如果有開啟「隱私 & 安全」設定裡的「針對您可能不認識的伺服器成員，啟用訊息請求」選項（圖 5），Discord 系統會把來自非好友的私人訊息分配於此類別。使用者可以選擇「忽略」讓這些訊息從「訊息請求」的列表中消失，也能夠選擇「接受（Accept DM）」，如此一來訊息就會從「訊息請求」移動到「私人訊息」。

第 3 類：濫發訊息

這個類別的訊息已經被 Discord 系統判定為垃圾訊息，雖然也不排除有些正當的訊息是被系統誤判，但筆者建議可以直接無視此類型的訊息。

守則 2：不要點擊來路不明的連結

不管是在伺服器的頻道或是私人訊息看到不明連結，筆者建議有疑慮的話就不要點擊，因為你永遠不知道點了連結以後會不會連到惡意網站。另外，就算連結網址看似沒有問題，也可能是用特殊方式偽裝的（詳見第 8 章的「文字超連結」）。在電腦版可以把游標放在連結上、手機版可以長按連結，先確認連結內容再點擊。

尤其是剛加入一個新的伺服器的時候，因為人生地不熟的，建議可以先了解一下整個伺服器的風氣、生態以及管理的嚴謹程度，等到比較熟悉以後再點擊該伺服器提供的連結。

守則 3：不要下載來路不明的檔案

Discord 可以傳送任何檔案到訊息或是頻道裡（如果沒有特別設置權限限制的話），因此不明的檔案千萬不要下載，萬一不小心誤觸，也請不要打開，直接移到垃圾桶刪除即可。

6-2 隱私 & 安全設定說明

電腦版設定

點擊 Discord 介面左下角個人顯示名稱右方的「齒輪圖案」（使用者設定），接著選擇「隱私 & 安全」即可進入隱私 & 安全的設定畫面。

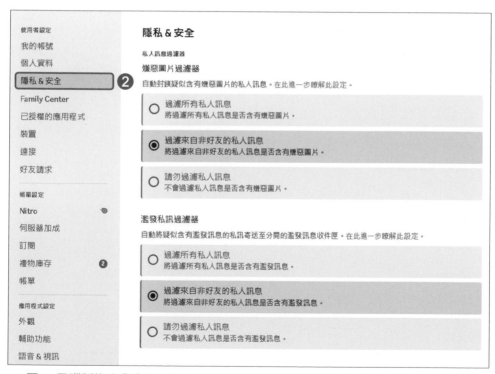

▲ 圖 2 電腦版修改「隱私 & 安全」

手機版設定

雙擊 Discord 介面右下角的「您個人」，或是先點擊「您個人」再點擊畫面右上方的「齒輪」圖案，接著選擇「隱私 & 安全」即可進入隱私 & 安全的設定畫面。

▲ 圖 3 手機版修改「隱私 & 安全」

私人訊息過濾器

嫌惡圖片過濾器

系統會把有偵測到嫌惡圖片的訊息自動封鎖，讓使用者不受到這種嫌惡圖片的荼毒。

濫發私訊過濾器

系統會把偵測到的濫發私訊亦即垃圾訊息移動到「濫發訊息」類別，讓使用者免受這類訊息的打擾。

這 2 種過濾器都有 3 個不同的層級可以設定，Discord 預設的設定為第 2 層級「過濾來自非好友的私人訊息」

層級 3：過濾所有私人訊息

最高的安全層級，只要是傳送給你的訊息，Discord 系統都會先幫你過濾。

如果你與好友之間會傳送一些尺度比較大的圖片，開啟到這個層級可能會導致你都收不到含有那些圖片的訊息。濫發私訊的部分，如果有好友的帳號被盜，駭客開始透過他們的帳號濫發訊息時，開啟最高安全層級有機會直接把這種訊息攔截至「濫發訊息」。

層級 2：過濾來自非好友的私人訊息

預設的安全層級，只要是非好友傳送的訊息，Discord 系統都會先幫你過濾。

建議通常情況下使用這個層級就已經足夠。

層級 1：請勿過濾私人訊息

最低的安全層級，所有訊息都會未經 Discord 系統過濾的送到你的帳號。

除非有特殊狀況，否則非常不建議使用這個層級。

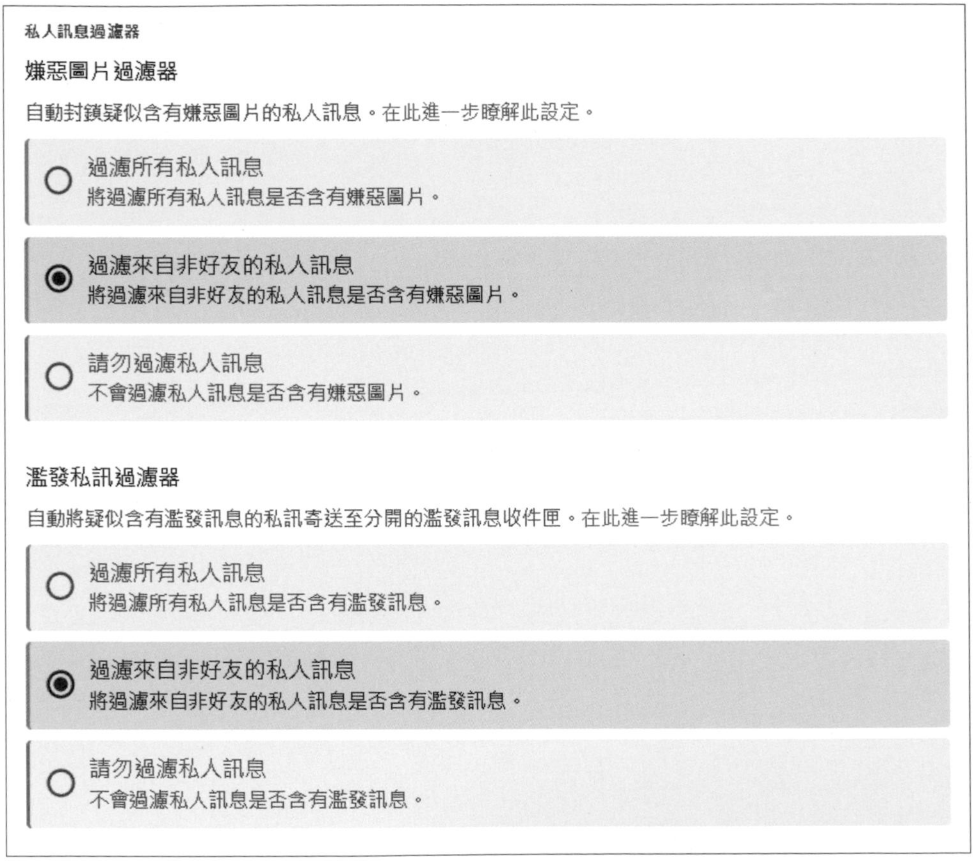

私人訊息過濾器

嫌惡圖片過濾器

自動封鎖疑似含有嫌惡圖片的私人訊息。在此進一步瞭解此設定。

○ 過濾所有私人訊息
將過濾所有私人訊息是否含有嫌惡圖片。

◉ 過濾來自非好友的私人訊息
將過濾來自非好友的私人訊息是否含有嫌惡圖片。

○ 請勿過濾私人訊息
不會過濾私人訊息是否含有嫌惡圖片。

濫發私訊過濾器

自動將疑似含有濫發訊息的私訊寄送至分開的濫發訊息收件匣。在此進一步瞭解此設定。

○ 過濾所有私人訊息
將過濾所有私人訊息是否含有濫發訊息。

◉ 過濾來自非好友的私人訊息
將過濾來自非好友的私人訊息是否含有濫發訊息。

○ 請勿過濾私人訊息
不會過濾私人訊息是否含有濫發訊息。

▲ 圖 4　私人訊息過濾器

伺服器預設隱私

在這個類別底下有 4 個不同的選項：

伺服器預設隱私

允許來自伺服器成員的私人訊息

當您加入一個新的伺服器時，將套用此設定。它不適用於您現有的伺服器上。

在 iOS 上允許存取限制級伺服器

在電腦版加入 18 歲以上才可進入的伺服器後，即可在 iOS 裝置進行檢視。

針對您可能不認識的伺服器成員，啟用訊息請求

如果私人訊息已啟用，此設定將在您加入一個新的伺服器時套用。該設定不適用於您現有的伺服器。在這裡瞭解更多有關此設定的資訊。

允許存取私人訊息應用程式中的年齡限制指令

此設定適用於所有機器人和應用程式。允許 18 歲以上的人存取私訊中標記為年齡限制的指令

▲ 圖 5 伺服器預設隱私

允許來自伺服器成員的私人訊息

此選項預設是開啟的，因此位於同一個伺服器的其他社群成員可以傳送私人訊息給你。如果不想收到來自同一個伺服器且非好友的社群成員的訊息，可以將此選項關閉，不過這項變更無法溯及既往，已經加入的伺服器的這項設定並不會跟著改變，需要到該伺服器的「隱私設定」進行修改。

📖 小秘訣 4 - 如何修改各別伺服器是否接收「私人訊息」

電腦版選擇想要設定的伺服器，接著點擊 Discord 介面左上角位於 Discord logo 右邊的「伺服器名稱」，然後選擇「隱私設定」，即可打開此伺服器的隱私設定選單，只要調整選單的第一項：「私人訊息」開關即可。

▲ 圖 6 電腦版修改各別伺服器是否接收「私人訊息」

NEXT

手機版選擇想要設定的伺服器，接著點擊 Discord 介面上方的「伺服器名稱」，即可打開此伺服器的設定選單，只要調整「允許私人訊息」的開關即可。

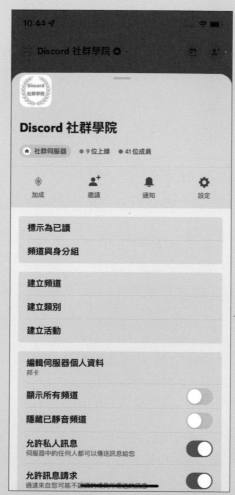

▲ 圖 7 手機版修改各別伺服器是否接收「私人訊息」

在 iOS 上允許存取限制級伺服器

因為在 iOS 系統上有較為嚴格的分級保護，所以如果有加入任何標示為 18 歲以上才可加入的伺服器，需要開啟這個選項才能進行瀏覽。

針對您可能不認識的伺服器成員，啟用訊息請求

此選項預設是開啟的，當有非好友的社群成員發送訊息時，會自動將訊息分配到「訊息請求」的類別；若是沒有開啟此選項，則視選擇的「私人訊息過濾器」安全層級的不同，系統會將訊息直接分配到私人訊息或是濫發訊息。

允許存取私人訊息應用程式中的年齡限制指令

此選項預設是關閉的，若要存取 Discord 應用程式與 18 歲年齡限制有關的指令，必須要開啟此選項。

6-3 開啟雙重驗證 / 二階段驗證 / 2FA

在現今的網路環境，擁有一組高強度的密碼已經不再能夠確保帳號的安全，因此很多網路服務都導入了 2FA（Two-factor Authentication）的功能。2FA 也譯為雙重驗證、二階段驗證，Discord 的雙重驗證一定會需要有一台行動裝置（手機或平板皆可）來搭配使用。

電腦版設定

點擊 Discord 介面左下角個人顯示名稱右方的「齒輪圖案」（使用者設定），接著選擇「我的帳號」，再來點擊「密碼與認證」下方的「啟用雙重認證」按鈕，輸入密碼之後，依照下方的步驟教學操作即可啟用雙重驗證。

▲ 圖 8 電腦版啟用雙重認證

手機版設定

雙擊 Discord 介面右下角的「您個人」，或是先點擊「您個人」再點擊畫面右上方的「齒輪」圖案，接著選擇「帳號」，點擊在雙重認證選項下方的藍色「啟用雙重認證」字樣，輸入密碼之後，依照下方的步驟教學操作即可啟用雙重驗證。

▲ 圖 9 手機版啟用雙重認證

步驟 1：安裝認證應用程式

　　在這個步驟也可以看到 Discord 系統跳出的啟用雙重認證步驟說明。

啟用雙重認證　　　　　　　　　　　　　　✕

用 3 個簡單步驟保障您的帳號安全：

下載認證應用程式
下載並安裝可在您的手機或平板電腦上使用的 Authy 或 Google Authenticator。

掃描 QR CODE
開啟認證應用程式並使用手機的相機掃描左邊影像。

2FA 金鑰（手動輸入）

請以您的安全碼登入
輸入已產生的 6 位數字驗證碼。

| 000 000 | 啟動 |

▲ 圖 10

目前 Discord 支援 Authy 和 Google Authenticator 這 2 種認證應用程式，接下來會以 Google Authenticator 進行示範。先在 App Store 或是 Google Play 搜尋「Google Authenticator」並進行安裝。

步驟 2：連結 Discord 帳號與認證應用程式

安裝完成後，開啟 Google Authenticator 再點擊右下角的「+」，然後選擇「掃描 QR 圖案」，接著掃描 Discord 所提供給你專屬的 QR code 圖片（如圖 10 所示，每個 Discord 帳號都有獨立的 QR code，必須掃描自己的 Discord 在步驟 1 所顯示的 QR code）。

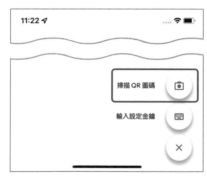

▲ 圖 11　點擊右下角的「+」，然後選擇「掃描 QR 圖案」

步驟 3：輸入驗證碼完成 2FA 啟動

完成步驟 2 以後，可以在 Google Authenticator 應用程式的畫面上看到多了一組標題是「Discord:（你的 Discord 帳號的註冊電子信箱）」，下面會有一組 6 位數字的驗證碼。每過 30 秒應用程式就會重新顯示一組全新的驗證碼，在驗證碼更新前將其輸入到圖 10 右下角的框框中，輸入完畢後按下「啟動」按鈕。成功開啟雙重驗證以後可以看到圖 12 的「2FA 已啟動！」的畫面。

2FA 已啟動！

這邊有幾件事您該完成！

啟用簡訊授權

新增您的電話號碼，當作雙重認證的備用方式，以免您遺失授權應用程式或備份安全碼。

您目前的電話號碼是： ░░░░░░░░░░░ 。 變更電話號碼？

啟用簡訊授權

下載備份安全碼

若沒有備份安全碼，也遺失了認證應用程式的登入資訊，您可能會**永久喪失帳號**！將這些安全碼存在裝置中或是寫下來，降低無法存取帳號的風險！

下載備份安全碼

▲ 圖 12 2FA 已啟動！

　　後續如果要登入 Discord 帳號，除了輸入帳號和密碼之外，還需要多一個步驟輸入 Google Authenticator 上的驗證碼。雖然在步驟上變得麻煩，但是能夠大大的提升帳號的安全性。另外也要記得，未來更換手機前務必要先轉移 Google Authenticator 裡的資料。

CHAPTER 07 開啟友好之窗，建立你的 Discord 人脈

在第 6 章我們提到了如何透過隱私 & 安全設定來過濾非好友的私人訊息，接下來第 7 章將會深入介紹 Discord 的好友功能，帶你了解好友功能的使用方式。

7-1 如何新增 Discord 好友？

如果你對於 Discord 的介面還不太熟悉，可以回頭翻閱 4-2 節的 Discord 介面說明。

在 Discord 新增好友主要有 2 種方式：

方式 1：輸入對方的 Discord 使用者名稱

使用者名稱是相當於 Discord 帳號名稱的概念，具備有唯一性，也就是說所有的 Discord 使用者裡面不可能會有兩個人擁有同樣的使用者名稱。

使用者名稱會顯示在 Discord 個人資料的顯示名稱下方，以我的帳號為例，banka 就是我的使用者名稱。

▲ 圖 1 使用者名稱

電腦版設定

電腦版只需要點擊左上角的 Discord logo，接著點選「好友」，就可以在好友類別列表的最右側看到「新增好友」的按鈕，開啟後在裡面輸入使用者名稱，即可傳送好友請求。

▲圖 2 電腦版新增好友

手機版設定

手機版只要點選介面下方的「訊息」，就可以在畫面的右上方看到「新增好友」的按鈕，點擊後在下一個畫面點擊「以使用者名稱新增」，接著輸入使用者名稱後即可傳送好友請求。

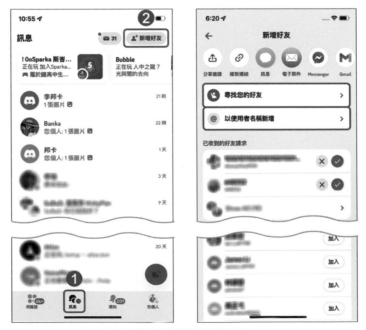

▲圖 3 手機版新增好友

> **📝 小秘訣 5 - 同步手機通訊錄來尋找擁有 Discord 帳號的聯絡人**
>
> 這是手機版 Discord 才能使用的功能。在圖 3 點選「新增好友」按鈕以後，可以點選「尋找您的好友」，需要授權 Discord 存取手機的通訊錄，然後 Discord 就可以識別聯絡人裡面有哪些人也擁有 Discord 帳號，可以選擇是否傳送好友邀請給他們。

方式 2：點擊對方的顯示名稱或開啟對方的個人資料

另外一種新增好友的方式，不需要知道對方的使用者名稱，只要能夠在伺服器內或是對話中看到對方的顯示名稱即可。

電腦版設定

電腦版可以直接對著對方的顯示名稱點擊滑鼠右鍵，然後在跳出的選單中選擇「新增好友」。

```
個人資料
傳送訊息

邀請到伺服器          >
新增好友
封鎖
身分組                >
複製使用者 ID         ID
```

▲ 圖 4 電腦版右鍵新增好友

也可以在檢視對方的個人資料時，點擊在頭像右側的「傳送好友請求」
按鈕。

▲圖 5 電腦版透過傳送好友請求按鈕新增好友

手機版設定

手機版的話可以點擊對方的大頭貼或是在頻道內對著顯示名稱長按，就
可以在跳出來的個人資料頁面看到「新增好友」的按鈕。

▲圖 6 手機版新增好友

7-2 誰能夠發送好友請求給我？

Discord 很貼心的提供了「誰可以給您發送好友請求」的設定，讓使用者也能夠在不被陌生人打擾的環境下使用。

電腦版設定

電腦版點擊 Discord 介面左下角個人顯示名稱右方的「齒輪圖案」（使用者設定），接著選擇「好友請求」即可進入設定選單。

▲ 圖 7 電腦版好友請求選單

手機版設定

雙擊 Discord 介面右下角的「您個人」，或是先點擊「您個人」再點擊畫面右上方的「齒輪」圖案，接著選擇「好友請求」即可進入設定選單。

▲ 圖 8 手機版好友請求選單

📝 **小秘訣 6 - 如何認識素昧平生的社群成員**

筆者建議如果在伺服器想要認識其它素昧平生的社群成員，可以在伺服器的頻道中直接徵求對方的同意。譬如在頻道的訊息中標記對方的名字，詢問是否可以加對方為好友，直接在公開場合表明自己的來意。

這樣既可以避免因為對方沒有開啟好友請求導致無法送出好友邀請，也可以避免對方沒有開啟私人訊息而無法將私人訊息送達的窘境。

7-3 好友功能介紹

原本空蕩蕩的好友列表，現在多了幾位朋友以後，會不會突然有點手足無措呢？

這個段落來說明 Discord 能夠與好友做哪些互動。

一對一通訊

Discord 提供了文字、語音、視訊等各種目前網路上可以使用的通訊方式，成為好友以後，你也能夠對好友使用以上的通訊方式。

文字溝通

點擊欲溝通的好友名稱，在下方的對話欄輸入訊息後送出。當然除了文字以外，也可以選擇傳送圖片、檔案等等不同的內容形式，唯一要注意的就是檔案的容量大小是有限制的，一般使用者的單一檔案容量上限為 25MB，Nitro 會員則可以把容量上限提升到 500 MB。

語音、視訊溝通

電腦版與手機版都是先點擊欲溝通的好友名稱，在對話視窗的右上角可以看到「開始語音通話」與「開始視訊通話」的小圖示，點擊後即可播出語音電話或視訊電話。

▲圖 9 電腦版操作示意

▲圖 10 手機版操作示意

群組通訊

Discord 也能夠建立上限為 10 人的群組通訊功能，一樣支援文字、語音、視訊等通訊形式。如果要成立一個群組，首先也是先點擊一位欲溝通的好友名稱開啟對話視窗。

電腦版點擊右上方的「加入好友到私訊」的按鈕，即可加入想要邀請的其他好友至群組中。

▲ 圖 11 電腦版操作示意

手機版點擊上方的成員名單圖示，接著在跳出的視窗中選擇「新群組」，即可邀請其他好友至群組中。

◀ 圖 12 手機版
操作示意

客製化好友資訊

　　Discord 提供了 2 種客製化的功能。這些客製化的資訊只有你的帳號才看得到，其他人是看不到的。

備註

　　這個功能可以對任何 Discord 帳號做備註，留下一些往後可以查閱的內容。譬如你和 A 帳號在某個伺服器認識，發現原來你們以前讀同一所國中，這時你就可以在 A 帳號的備註欄寫下：「XX 國中同一屆隔壁班的同學」，這樣你下次又遇到 A 帳號時，就可以記得原來 A 是以前隔壁班的同學。

　　電腦版對著對方的顯示名稱點擊左鍵開啟他的個人資料，然後移至下方填寫備註；也可以對著對方的顯示名稱點擊右鍵然後選擇備註進行填寫。

▲ 圖 13 電腦版操作示意

　　手機版點擊對方的顯示名稱，接著點選個人資料，然後移至視窗下方填寫備註。

▲ 圖 14 手機版操作示意

好友暱稱

這個功能能夠讓使用者修改好友的顯示名稱，不過對方完全不會知道（只要不分享你的 Discord 截圖給對方看）。修改後的暱稱可以透過 Discord 的搜尋功能進行搜尋，電腦版啟動搜尋的快捷鍵是 Ctrl + K 。

電腦版對著對方的顯示名稱點擊右鍵，然後選擇「新增好友暱稱」進行
填寫。

▲ 圖 15 電腦版操作示意

手機版直接點擊對方的顯示名稱，開啟個人資料後點擊右上方的三個點
點點，然後選擇「新增好友暱稱」進行填寫。

◀ 圖 16 手機版
操作示意

移除或封鎖好友

電腦版對著對方的顯示名稱點擊右鍵,然後選擇「移除好友」或「封鎖」。

▲ 圖 17 電腦版操作示意

手機版點擊對方的顯示名稱,接著點選個人資料,然後點擊右上方的三個點點點,選擇「移除好友」或「封鎖」。

◀ 圖 18 手機版
操作示意

CHAPTER 08 不可不知的發言密技， Discord 聊天必備知識

　　文字、表情符號、貼圖與 GIF，是 Discord 文字交流裡面最重要的四元素。乍看之下也許與一般的通訊軟體沒有甚麼區別，但 Discord 有著屬於自己獨特的交流方式與文化，讓我們一起來理解這四元素在 Discord 的運用方式。

8-1 訊息輸入欄功能介紹

　　電腦版的訊息輸入欄總共有 6 個不同的功能，由左到右依序介紹：

1a. 上傳檔案：將電腦中的檔案上傳至訊息中發佈。一般會員單一檔案容量上限為 25 MB，Nitro 會員單一檔案容量上限為 500 MB（關於會員方案內容的介紹請參考 11 - 1 節）。

1b. 建立討論串：直接創建全新的討論串。討論串可以視為針對文字頻道中單一訊息的深入討論空間。

1c. 使用應用程式：瀏覽伺服器機器人的可執行指令（關於機器人在第 17 章有更詳細的介紹）。

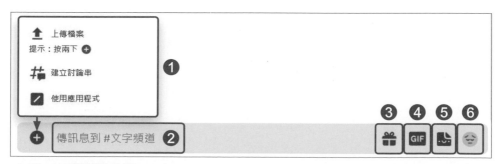

▲ 圖 1 電腦版訊息欄

2. 訊息輸入欄：文字和表情符號都在這裡輸入，也可以穿插使用。

3. 禮物：可以購買 Nitro 會員當成禮物送給其他好友。

4. GIF：可開啟 Discord 內建的 GIF 圖庫。

5. 貼圖：可瀏覽目前能使用的貼圖。

6. 表情符號：可瀏覽目前能使用的表情符號。

　手機版的訊息輸入欄總共有 5 個不同的區塊，由左到右依序介紹：

1. 視訊攝影機／上傳檔案：可以用手機裝置拍照上傳，或是選擇檔案上傳。一般會員單一檔案容量上限為 25 MB，Nitro 會員單一檔案容量上限為 500 MB。

2. 禮物：可以購買 Nitro 會員當成禮物送給其他好友。

3. 訊息輸入欄：文字和表情符號都在這裡輸入，也可以穿插使用。

4. 表情符號／ GIF ／貼圖：三種不同的圖案內容濃縮在一個按鈕上，選擇後可以展開。

5. 語音：長按後可以錄製語音訊息，再次鬆開即可傳送語音訊息。

▲ 圖 2 手機版訊息欄

8-2 訊息可操作指令介紹

針對已經發送的每則 Discord 的訊息，都有額外的操作指令。電腦版只要將滑鼠移動到訊息上方，就會在右側跳出一個操作選單；點擊「⋯」或是在訊息上按右鍵就可以展開選單。手機版則是對訊息長按，即可呼叫出展開的操作選單。

1. 加入反應：在訊息下方給予表情符號回應。

2. 加入超級反應：這是 Nitro 會員的功能，可以給出帶有動畫的表情符號回應。

3. 編輯訊息：如果你是訊息發布者，可以針對已發布的訊息做修改。其他人只會看到「已編輯」的標示，無法檢視修改前的訊息。

4. 釘選訊息：若有釘選的權限，可以將訊息於頻道中釘選。

5. 回覆：引用這則訊息做回覆。

6. 複製文字：複製這則訊息內容。

7. 標示為未讀：將訊息標示為未讀後，會跳出未讀的顯眼計數標示。

8. 複製訊息連結：若其他有權限閱讀此訊息的人點擊訊息連結，會直接跳轉到此頻道的這則訊息的位置。

9. 語音訊息：請 AI 用聲音朗誦訊息內容。

10. 刪除訊息：訊息的發佈者或是有刪除權限的人，可以將訊息刪除。

11. 複製訊息 ID：取得此則訊息的 ID。

▲圖 3 訊息操作選單

8-3 文字訊息

Discord 與文字相關的語法可以分成標記類、字體類、特殊效果類，3 種不同的類型。

標記類

這個類型的語法能夠直接在伺服器的頻道內標記特定對象，是 Discord 非常普遍也非常實用的語法，只要在開頭加上「@」符號即可（注意需要使用半型），後面視加上的內容而有不同的標記效果。

標記特定帳號

先在訊息輸入「@」，後面不需要空格，直接加上要標記對象的「顯示名稱」或是「使用者名稱」。被標記的人會因此收到通知，同時也會在被標記的頻道看到顯目的未讀訊息提醒。

▲ 圖 4

文字訊息範例：@ 邦卡

標記所有人

這個語法不是所有人都可以使用，要看伺服器的管理員是否有開放此權限。先在訊息輸入「@」，後面不需要空格，直接加上「everyone」，其效果可以在頻道中呼叫所有伺服器的成員，所有成員會在被標記的頻道看到顯目的未讀訊息提醒。這個語法非常適合管理員有重要事情要通知整個伺服器時使用。

▲ 圖 5

文字訊息範例：@everyone

標記在線上的人

這個語法不是所有人都可以使用，要看伺服器的管理員是否有開放此權限。先在訊息輸入「@」，後面不需要空格，直接加上「here」，可以在頻道中呼叫所有目前在線上的人，他們會在被標記的頻道看到顯目的未讀訊息提醒。這個語法適合把訊息只傳達給目前有在線上的成員。

▲圖 6

文字訊息範例：@here

標記身分組

這個語法不是所有人都可以使用，要看伺服器的管理員是否有開放此權限。先在訊息輸入「@」，後面不需要空格，直接加上「身分組名稱」，可以在頻道中呼叫擁有某個特定身分組的成員，他們會在被標記的頻道看到顯目的未讀訊息提醒。

▲圖 7

文字訊息範例：@身分組名稱

📝 小秘訣 8 - 標記對方但不發出推播通知

使用以上的標記方式，被標記者除了在 Discord 上會看到未讀訊息之外，也會收到推播推知。這裡提供一個方式讓被標記者既可以看到未讀訊息，但是又不會收到推播通知。

只要在訊息的一開頭加上「@silent」，後面的訊息內容則是依照原本的標記方式，如此一來就可以在不打擾標記對象的同時，又可以讓對方看到有未讀訊息的提示。

標記頻道／討論串

先在訊息輸入「#」（注意需要使用半型），後面不需要空格，直接加上「Discord 伺服器內的頻道／討論串名稱」，就會在頻道訊息中顯示該頻道／討論串的名稱。如果看到的人有權限進入這個頻道／討論串，那這個名稱就會變成可點擊的樣子，點擊後會直接跳轉；如果看到的人沒有權限進入，那就只會看到普通的文字，不會變成可點擊的樣子。

▲ 圖 8

文字訊息範例：# 閒聊大廳

字體類

文字除了一般常見的輸入之外，Discord 還有一些特有的指令，並且支援了部分的 Markdown 語法。Markdown 語法最具特色的就是其可讀性，這個語法可以直接在字面上閱讀，使用者只要記住一些簡單的符號就能夠輕鬆使用。

邦卡　斜體
邦卡　粗體
邦卡　粗斜體
邦卡　底線
邦卡　底線加斜體
邦卡　底線加粗體
邦卡　底線加粗斜體
邦卡　刪除線

▲ 圖 9 8 種字體

斜體

文字訊息範例：*邦卡* 或 _邦卡_（前後各一個底線）

粗體

文字訊息範例：**邦卡**

粗斜體

文字訊息範例：***邦卡***

底線

文字訊息範例：__邦卡__（前後各 2 個底線，以下相同）

底線加斜體

文字訊息範例：__*邦卡*__

底線加粗體

文字訊息範例：__**邦卡**__

底線加粗斜體

文字訊息範例：__***邦卡***__

刪除線

文字訊息範例：~~邦卡~~

📝 小秘訣 9 - 快速套用部分效果

電腦版如果針對訊息欄的文字反白，可以看到有 6 種快速鍵，分別是：粗體、斜體、刪除線、程式碼區塊、防雷反黑特效。選擇後，系統會自動在文字的前後加上指定的符號。

▲ 圖 10

特殊效果類

防雷反黑特效 (Spoiler Tags)

在訊息的前後輸入「||」（在鍵盤的 `Enter` 鍵附近有反斜線 `\`，按 `Shift` + `\` 就能打出這個直線符號），這個功能會讓發出的訊息外觀呈現為黑色色塊，想要觀看裡面隱藏的內容必須先點擊色塊才會揭露，特別適合用在發佈一些較為敏感的資訊時使用，或是要劇透別人前多做的一層防雷保護。

文字訊息範例：劇透慎入 || 爆雷的內容 ||

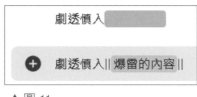

▲ 圖 11

標題大小

依照需要的字體大小，先在訊息輸入「#」、「##」、「###」，後面需要留下一個半形空格。越少「#」的話字體就會越大。

▲ 圖 12

清單

在每行字的開頭加入「-」或「*」，即可創建一個列點式的清單。如果想要讓清單縮排的話，只要在「-」或「*」前面加入一個半形空格即可。

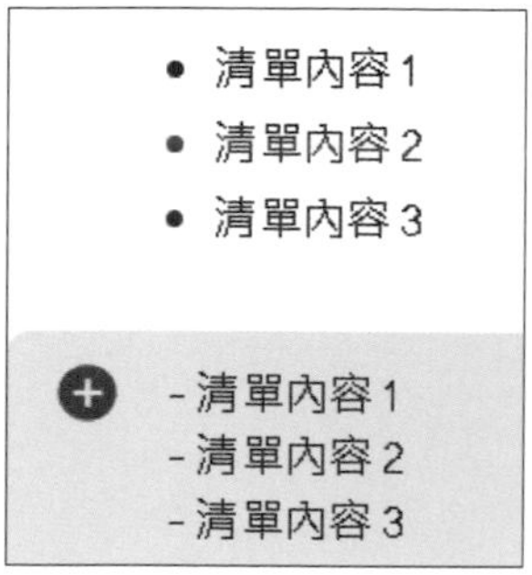

▲ 圖 13

文字超連結

不同於直接將網址張貼出來，而是讓文字帶有超連結的效果。這需要用到兩種不同的括號，將文字放在 [ ] 中並置於前段，接著將連結放到 ( ) 中並置於後段。

Discord 官網超連結

[Discord 官網超連結](https://discord.com/)

▲ 圖 14

因為文字和超連結本身沒有任何直接關係，因此 Discord 也曾出現利用文字超連結進行詐騙的案例。有心人士先在文字的部分放上正常網址，然後在連結的部分放上惡意網站的連結，使得沒有特別注意的人，直接點擊那段看起來正常的網址，但實際上卻是連到惡意網站。要預防這種情況的發生，只要將滑鼠停留在文字超連結的文字上一段時間、或是在手機長按連結，就會跳出一個小視窗顯示超連結的真實網址。在點擊文字超連結時都要特別提高警覺。

引用文字

先在訊息前輸入「>」或「>>>」，注意後面需要留下一個半形空格。使用「>」只會引用一行字，使用「>>>」會讓後面的每一行字都被引用。這裡所説的「引用」只是一個縮排的文字效果，可以視需求自由應用在各種場合。

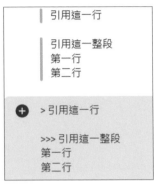

▲ 圖 15

程式碼區塊

在想框起來的文字前後加上「反引號（`）」（一般鍵盤會在 Tab 鍵的上方）。

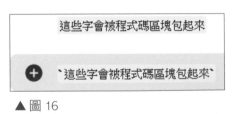

▲ 圖 16

8-4 圖片訊息

Discord 其中一項廣受使用者歡迎的特色，就是可以在訊息中穿插豐富的圖片，傳達文字以外的更多想法。可以使用的圖片有 3 種類型：表情符號、貼圖、GIF。

表情符號

表情符號除了能夠和文字搭配讓訊息變得更生動，在 Discord 中，原生符號還可以用於帳號顯示名稱、伺服器名稱、頻道名稱等等位置來讓視覺上更繽紛。

另外表情符號還能夠用作對其他人發佈訊息的反應，這些反應會顯示在原本訊息的下方，除了可以表達個人情緒之外，也有人用做投票的功能。

▲ 圖 17

每個伺服器的管理員都可以為自己的伺服器上傳客製化的靜態或是動態表情符號，上傳客製化表情圖案的內容會在 13 - 5 節說明。一般沒有付費的 Discord 會員只能在伺服器使用管理員上傳的「靜態」的客製化表情圖案，不能使用其他伺服器的客製化表情圖案；Nitro 會員則是可以使用「靜態和動態」表情圖案，而且可以使用其他伺服器的客製化表情圖案。

📓 小秘訣 10 - 如何取得更多可用的客製化表情符號

Discord 和很多社交通訊軟體在表情符號和貼圖上採用的機制不太相同。很多通訊軟體的貼圖是與個人帳號綁定的，使用者只要取得某個貼圖之後就能在任何地方使用；Discord 則是讓專屬表情符號、貼圖與伺服器相綁定，做為伺服器獨家內容的一部分，只有加入伺服器的成員才可以使用伺服器的獨家表情符號和貼圖。

因此，在 Discord 加入越多的伺服器，意味著能夠使用越多不一樣的表情符號。不過還是要特別強調，只有 Nitro 會員才可以跨伺服器使用不同伺服器的專屬表情以及動態表情符號。

貼圖

貼圖雖然無法穿插於文字之間,但圖案比起表情圖案來説是相對巨大的,在畫面顯示上非常有份量。貼圖與表情符號有一樣的使用規範,伺服器管理員可以上傳客製化的貼圖。

GIF

和表情符號、貼圖不同,GIF 不是和伺服器綁定的。Discord 本身有內建的 GIF 資料庫,能夠直接輸入中文或是英文的關鍵字尋找適合的 GIF 來使用。如果伺服器本身沒有限制權限的話,社群成員也可以直接發送儲存在自己電腦中的 GIF 檔案。

▲ 圖 18 Discord 的 GIF 資料庫

CHAPTER 09 Discord 語音、視訊及直播功能

在第 1 章 Discord 的發展歷史中，有介紹到 Discord 在一開始能夠從遊戲玩家為主的社群崛起，主要歸功於良好的語音通話品質。時至今日 Discord 除了語音通話之外，也提供視訊和分享畫面的直播功能，滿足了人們在網路上各種形式的溝通需求。

9-1 語音、視訊功能使用場景

在通常的情況下，一個設備只要同時具有語音／視訊的輸入與輸出裝置，登入 Discord 帳號後，就能夠使用語音及視訊的功能。在 Discord 主要有 3 個可開啟語音／視訊的使用場景。

場景 1：私人訊息或群組溝通

在與好友的私人訊息中，或是上限為 10 人的群組中可以播打語音／視訊通話和分享螢幕，這個在 7-3 節有詳細的操作說明。

場景 2：伺服器的語音頻道

在伺服器的語音頻道裡，使用者在擁有權限的情況下，能夠隨時開啟語音／視訊與頻道中的其他成員互動。和場景 1 最大的差別，在於私人訊息或群組需要對方接通後才能開啟，而在語音頻道裡是不用被接通的，只要開啟麥克風或視訊就能夠直接把聲音／影像傳送給語音頻道裡的其他成員。關於語音頻道如何分享螢幕會在 14 - 4 節進行說明。

場景 3：伺服器的舞台頻道

在伺服器裡的舞台頻道裡，有分成舞台上和舞台下兩個不同的區域。只有在舞台上的人有權限可以分享語音／視訊給在舞台頻道裡的其他成員，在舞台下的成員只有舉手被核准以後，才能到舞台上分享語音／視訊。關於舞台頻道的操作可查閱 14-2 節的內容。

9-2 語音、視訊基礎設定說明

Discord 的語音及視訊設定可以在使用者設定的「應用程式設定」類別下找到。

電腦版設定開啟方式

點擊 Discord 介面左下角個人顯示名稱右方的「齒輪圖案」（使用者設定），接著選擇「語音 & 視訊」即可進入語音與視訊的設定畫面。

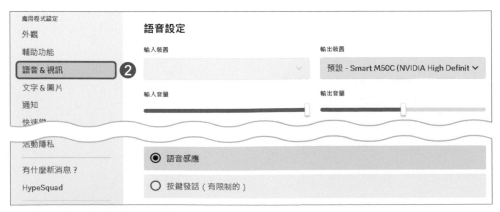

▲ 圖 1 電腦版修改語音設定

手機版設定開啟方式

手機與電腦版最大的差異在於手機的麥克風與視訊的裝置是固定的，在使用前需要確定在「設定」中是否有開啟 Discord 的麥克風與視訊的權限，若是沒有開啟的話，系統會跳出引導訊息指引你去開啟（見圖 14，以 iPhone 設定為例）。

雙擊 Discord 介面右下角的「您個人」，或是先點擊「您個人」再點擊畫面右上方的「齒輪」圖案，接著選擇「語音」即可進入語音的設定畫面。

▲圖 2 手機版修改語音設定

輸入、輸出裝置及音量

電腦版因為可以安裝不只一個輸入及輸出裝置，因此在設定上可以切換成不同的輸入、輸出裝置。Discord 的音量大小也可以在設定中調整。

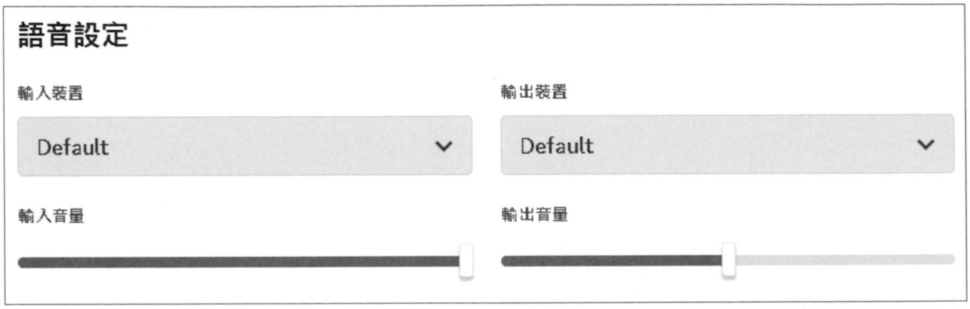

語音設定

輸入裝置

Default ⌄

輸出裝置

Default ⌄

輸入音量

輸出音量

▲ 圖 3 語音設定

音效板

音效板是一段長度不能超過 5 秒的音效，概念類似於罐頭音效。伺服器管理員可以上傳數個客製化的音效板到伺服器上（關於音效板的上傳會在 13 - 5 節做說明），加入伺服器的成員即可取得在語音頻道中的音效板使用權。

如果不想要在語音頻道中聽到各種嘈雜的音效板聲音，可以在此處把音效板的音量調至靜音。

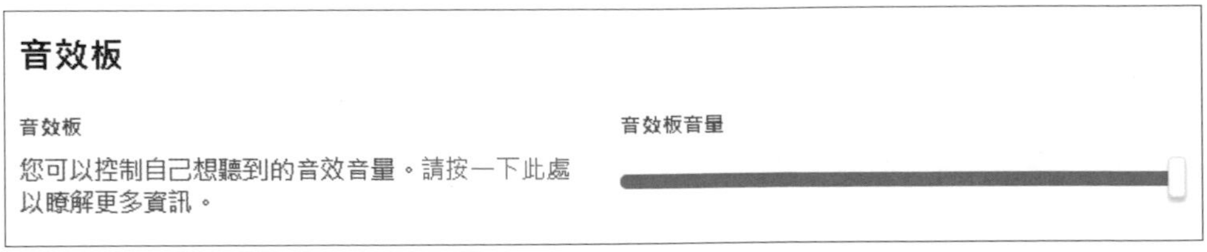

音效板

音效板
您可以控制自己想聽到的音效音量。請按一下此處以瞭解更多資訊。

音效板音量

▲ 圖 4 音效板設定

📓 小秘訣 11 - 如何使用音效板

要使用音效板需要先進入任一語音頻道，電腦版在「使用者設定」上方可以看到「開啟音效板」的按鈕，點擊後就可以挑選想要使用的音效板。

▲ 圖 5 電腦版開啟音效板

手機版則是在進入語音頻道之後，先把下方橫槓以下的介面按住往上拖曳，接著就可以看到「音效板」的選項。

▲ 圖 6 手機版開啟音效板

輸入模式

一共有兩種模式：

● 語音感應：打開輸入裝置後，只要輸入裝置有偵測到聲音就會播放出去。這種模式雖然方便，但容易因為忘記關閉麥克風而不小心讓聲音一直傳出去，打擾到其他人説話而自己沒察覺到。

● 按鍵發話：除了打開輸入裝置之外，在講話前還需要按下設定的「發話鈕」才能將語音送出。可以有效的控制聲音發送出去的時間，但缺點是需要騰出一支手來按按鈕。

◀ 圖 7 輸入模式

輸入靈敏度

靈敏度與環境噪音有關係，通常情況下設定「自動判定輸入靈敏度」即可。在手動調整的情況下，畫面中的白色拉桿是收音的門檻（閾值）。拉桿越往右邊移動的話，代表越不靈敏，需要有越高分貝的聲音才會觸發語音傳送，意即音量需要超過白色拉桿到達綠色的區域才會將聲音送出。因此只要確保在沒有講話時的環境音量顯示在黃色的區域，而且講話的音量會到達綠色區域，即可正常通話。

▲ 圖 8 輸入靈敏度

視訊設定

可以在這裡測試視訊的功能，也能夠設定是否要在每次開啟視訊通話時先進行預覽。

電腦版因為可以安裝不只一個視訊攝影機，所以在最下方可以調整想要使用的視訊攝影機。

▲ 圖 9 視訊設定

9-3 Discord 語音的基礎障礙排除

語音要能夠正常運作，涉及到 Discord 的設定、伺服器的權限還有裝置本身的軟體和硬體設定。因為涉及的範圍太廣，這邊僅提供在遇到語音無法正常運作時，關於 Discord 的設定檢查：

1. 檢查 Discord 的麥克風顯示：

a. 麥克風呈現單一底色：麥克風正常運作中。

b. 麥克風上面有一條斜線：使用者開啟到靜音模式，可以自行點擊麥克風圖示解除。

c. 麥克風底色是紅色的，上面有一條紅色的斜線：使用者在此伺服器或是語音頻道中是沒有發言權限的，需要請管理員開啟權限。

▲ 圖 10 麥克風各種狀態的示意圖

2. 檢查 Discord 的音量大小及輸入靈敏度：確認圖 3 輸入及輸出的音量設定以及圖 8 的靈敏度設定是否正常。

3. 檢查 Discord 的語音輸入模式：確認圖 7 語音輸入模式的設定。有時候對方聽不到你的聲音，有可能只是不小心調整到「按鍵發話」模式而沒有發現。

4. 檢查裝置是否有給予 Discord 麥克風存取權限。在使用瀏覽器以及行動
   裝置版的時候需要特別注意,如果 Discord 沒有獲得麥克風存取權限,
   Discord 系統會跳出一個訊息提示,引導使用者到系統相關的設定頁面
   開啟權限。

   a. 瀏覽器版本(以 Chrome 為例):如果看到下方的提示訊息(圖
      11),可以開啟 Chrome 的設定,到「隱私權和安全性」的「網站設
      定」將 Discord 的麥克風的狀態從「封鎖」更改成「允許」(圖 12 ～
      14)。

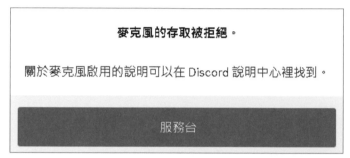

▲ 圖 11　Discord 沒有麥克風存取權限

▲ 圖 12　開啟 Chrome 的設定,到「隱私權和安全性」的「網站設定」

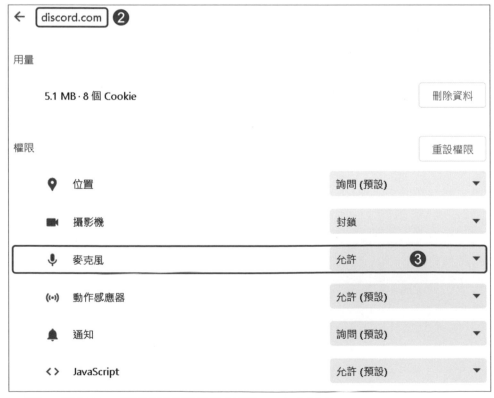

▲圖 13 將 Discord 的麥克風的狀態從「封鎖」更改成「允許」

b. 手機版本（以 iPhone 為例）：開啟設定，找到 Discord，並開啟麥可風的存取權限。

▲ 圖 14 iPhone 調整麥克風存取權限

9-4 直播模式說明

Discord 為了保護使用者及其好友和參與伺服器的隱私，特別在電腦版本設計了一個「直播模式」，可以設定在直播模式開啟的狀態下，不要在直播畫面上顯示任何的 Discord 個人資料以及伺服器邀請連結，同時也可以關閉所有的 Discord 音效和通知，使其不影響到直播的品質。

開啟方式為點擊 Discord 介面左下角個人顯示名稱右方的「齒輪圖案」（使用者設定），接著選擇「直播模式」即可進入設定畫面。

▲ 圖 15 開啟直播模式設定

　　在選單中的上半部可以設定是否開啟直播模式以及是否在執行直播軟體時自動啟用直播模式。

　　下半部可以設定要隱藏及停用哪些效果。

▲ 圖 16 直播模式設定選單

在開啟直播模式的時候，介面的最上方會有一個提醒訊息，告訴使用者直播模式開啟中。

> 已啟用直播模式。使用者名稱已截斷。　停用

▲ 圖 17　直播模式開啟中

在直播模式中如果開啟「隱藏個人資料」和「隱藏邀請連結」，觀眾會看到以下的畫面：

▲ 圖 18　直播模式開啟與關閉的個人資料頁面對比

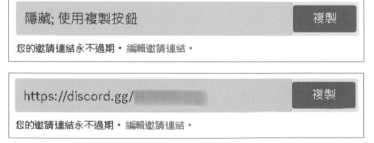

▲ 圖 19　直播模式開啟與關閉的邀請連結頁面對比

CHAPTER 10 資訊查找 5 祕訣，不再錯過重要資訊

閱讀完第 8、9 章的讀者，相信對於 Discord 的 3 種主要交流方式：文字、語音、視訊，已經有了基礎的概念，對於伺服器和好友訊息之間的介面切換也已經得心應手。如果還有不清楚的地方，可以重新複習一下前面的章節。

隨著使用 Discord 的時間增加，加入的伺服器數量應該也會慢慢的增加。如果加入的 Discord 伺服器數量，用雙手就可以數得出來，在資訊掌控度上應該不會遇到太大的問題；不過當伺服器數量到達一個臨界點時，如何有效的取得重要資訊就會變得越來越重要。接下來第 10 章會教大家幾個技巧來提升在 Discord 伺服器的資訊取得效率。

10-1 善用伺服器排序及分類

Discord 在伺服器的介面上能夠使用「排序」及「分類」兩種方式來進行管理，將原本雜亂無序的伺服器列表變成自己喜歡的樣子。

伺服器排序

在電腦版及手機版按住左側伺服器列表上任何一個伺服器的圖示，就能夠自由的上下拖曳來改變伺服器的排列順序。通常會把自己最關心的伺服器排列在列表的最上方，因為這是一打開 Discord 第一眼就會看到的位置。

伺服器分類

在電腦版及手機版按住左側伺服器列表上任何一個伺服器的圖示，將其移到另外一個伺服器的圖示上方，就可以形成一個「資料夾」。後續想要編輯資料夾的話，電腦版要對著資料夾點擊滑鼠右鍵，手機版則是長按即可修改資料夾的名稱及顯示顏色。

▲ 圖 1 電腦資料夾示意圖

▲ 圖 2 手機資料夾示意圖

10-2 掌握訊息源頭及盲區

每個伺服器都有不同的生態與習慣，但是大部分重要的訊息以及容易被遺漏的資訊會在以下 4 個地方出現。

伺服器指南／伺服器規則及公告頻道

通常伺服器最重要的資訊與頻道都會放在頻道列表的最上方。成功加入一個新的伺服器之後的第一要務，就是先查看頻道列表最上方的伺服器指南，或是書本圖案的「規則頻道」以及大聲公圖案的「公告頻道」。不過有些伺服器管理者也會以「文字頻道」來發佈公告。各種關於頻道的設定會在第 14 章做說明。

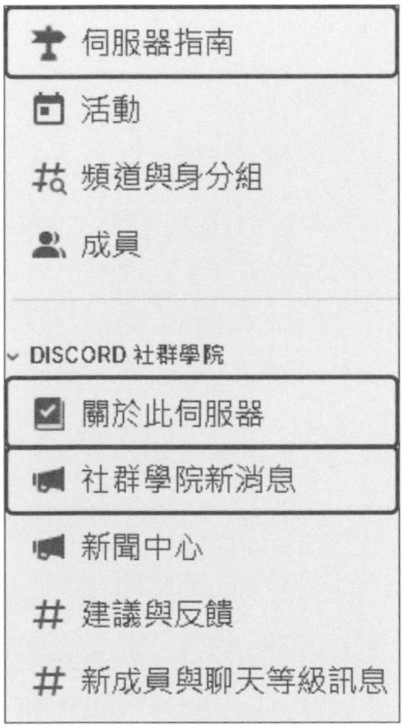

▲ 圖 3　伺服器指南、伺服器規則及公告頻道

這些地方通常會放置最新以及最重要的伺服器資訊。

伺服器活動資訊

如果伺服器的管理員有善用「活動」功能來宣傳即將到來的活動，那麼在頻道列表的最頂端可以看到有一個行事曆圖案的項目，點擊即可看到接下來與這個伺服器有關的活動詳情。

◀ 圖 4 活動示意圖

頻道釘選／置頂訊息

進入任何一個以文字為主的頻道之後，可以先留意看看頻道介面右上角是不是有「已釘選的訊息」，又稱為置頂訊息。電腦版的顯示圖案是一個大頭釘，會被釘選的通常都是比較重要的訊息；手機版則是進入以文字為主的頻道之後，再點選一次左上角的頻道名稱，即可在跳出的介面找到「釘選」。

◀ 圖 5 電腦版「已釘選的訊息」

▲圖6 手機版「釘選」

頻道討論串訊息

討論串是容易被忽略的一個訊息來源，因為討論串是針對文字頻道中的單一訊息所展開的延伸討論。在進入任何一個以文字為主的頻道之後，電腦版可以先留意看看頻道介面右上角是不是有「討論串」；手機版則是可以再點選一次左上角的頻道名稱，即可在跳出的介面找到「討論串」。

▲圖7 電腦版討論串

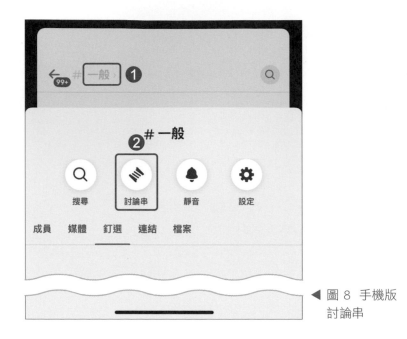

◀ 圖 8 手機版
討論串

🔖 **小秘訣 12 - 透過頻道圖示來辨別是否有討論串**

一個文字頻道如果有已經存在的討論串的話，是可以透過頻道圖示發現的。討論串會以「對話框」的形式顯示在頻道圖示的右下角。

一般頻道
一般頻道2

◀ 圖 9 「一般頻道」是沒有討論串的文字頻道，
「一般頻道 2」是有討論串的文字頻道

10-3 調整 Discord 通知設定

在電腦版對著左側伺服器列表上任何一個伺服器的圖示點擊滑鼠右鍵，可以看到「通知設定」；手機版則是長按伺服器列表上任何一個伺服器的圖示，在跳出的選單上選擇「通知設定」後，即可進入通知設定選單。這些設定與伺服器所顯示的紅色未讀訊息通知有關，總共有 3 種不同的通知類型設定以及 6 種額外的選項。

標示為已讀		
邀請其他人		
將伺服器靜音	>	
通知設定 只有 @mentions	>	所有訊息 ○
		只有 @mentions ◉
隱藏已靜音頻道	☐	無通知 ○
顯示所有頻道	☑	
		禁用 @everyone 和 @here ☐
伺服器設定	>	禁用所有身分組 @mentions ☐
隱私設定		禁用重點資訊 ☐
編輯伺服器個人資料		將新活動靜音 ☐
建立頻道		行動裝置推播通知 ☑
建立類別		

▲ 圖 10 電腦通知設定

▶ 圖 11 手機
通知設定

通知類型 1：所有訊息

有新的消息出現在伺服器中任何一個使用者可見的頻道時，就會有未讀訊息通知。

通知類型 2：只有 @mentions

這是預設選擇的選項，只有當使用者被提及時才會有未讀訊息通知。這裡說的「被提及」有 3 種情況。

● 情況 1 － 被 @everyone 和 @here 提及：@everyone 的效果是訊息發出的當下所有伺服器的成員不管是上線或離線狀態都會被提及；@here 是只有在訊息發出的當下有在線上才算被提及。

● 情況 2 － 被 @身分組名稱 提及：訊息提及使用者所擁有的身分組。

● 情況 3 － 被 @Discord 帳號提及：其他社群成員在訊息中直接輸入你的 Discord 使用者名稱。這種類型的提及通常都與自身有直接的關係。

通知類型 3：無通知

任何的訊息類型都不會有未讀訊息通知。

額外選項 1：禁用 @everyone 和 @here

開啟此選項後，就算伺服器中任何使用者可見的頻道出現 @everyone 和 @here，也都不會再出現未讀訊息通知。

額外選項 2：禁用所有身分組 @mentions

開啟此選項後，即使伺服器中使用者可見的頻道提及到所擁有的身分組，也不會再出現未讀訊息通知。

額外選項 3：禁用重點資訊

　　重點資訊是 Discord 根據使用者在各別伺服器的活動狀況，包含造訪伺服器的頻率、對於某些特定訊息的反應等等，自動整理的個人化通知。譬如：好友動態、活動等。此選項獨立於「伺服器通知設定」運作，即便設定了「無通知」，但是沒有開啟「禁用重點資訊」的話，仍然會收到未讀訊息通知。

額外選項 4：將新活動靜音

　　當伺服器有新的活動時，不會出現未讀訊息通知。

額外選項 5：行動裝置推播通知

　　當使用者有使用行動裝置版的 Discord 時，這些未讀訊息通知會出現在行動裝置上。

額外選項 6：覆蓋通知（手機版選項）

　　如果伺服器中有些頻道是使用者特別在意的，Discord 也提供了針對單一類別／頻道的通知設定。

　　除了以上的通知設定方式之外，也可以針對各別頻道進行設定。電腦版是對著頻道名稱點擊滑鼠右鍵，手機版則是對著頻道名稱長按，能夠直接選擇靜音的時間或是更改通知的類型。

10-4 利用瀏覽頻道功能隱藏不常用頻道

　　這個功能目前僅在電腦版可以使用。依據伺服器的狀態不同，會有兩種不一樣的顯示：如果是沒有開啟「培訓功能」的伺服器，可以在伺服器左側的頻道列表最上方找到「瀏覽頻道」的選項；如果有開啟「培訓功能」的伺服器，可以在伺服器左側的頻道列表最上方找到「頻道與身分組」，點擊以後選擇「瀏覽頻道」的分頁。（關於培訓功能的說明可以參考 15 - 4 節。）

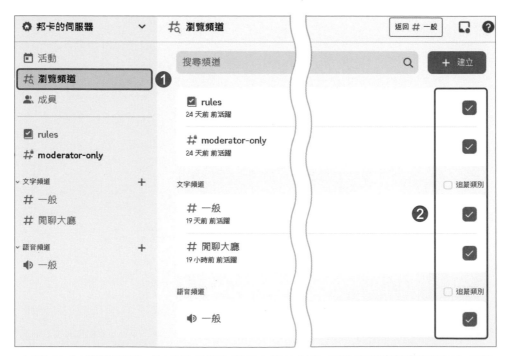

▲ 圖 12　在「瀏覽頻道」的頁面，可以勾選最右邊的框框，來決定哪些頻道會顯示在伺服器的頻道列表

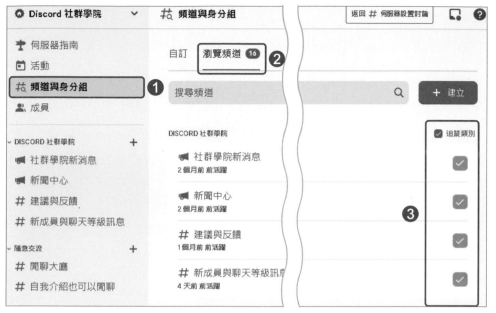

▲ 圖 13　在「頻道與身分組」的「瀏覽頻道」的頁面，可以勾選最右邊的框框，來決定哪些頻道會顯示在伺服器的頻道列表

在瀏覽頻道的分頁可以依照自己的喜好來勾選頻道，只有被選中的頻道才會顯示於伺服器左側的頻道列表上，沒有被勾選的頻道則會被隱藏起來。可以利用這樣的方式，將伺服器內自己平常就沒有瀏覽習慣的頻道隱藏起來，從訊息源頭做到篩選的效果，只把注意力放在平常會關心的頻道上。

若是想要讓所有頻道再度回到一開始全部都會顯示的狀態，只需要對著「瀏覽頻道」或「頻道與身分組」點擊滑鼠右鍵，然後選擇「顯示所有頻道」，即可恢復初始狀態。

▲ 圖 14　顯示所有頻道

10-5 善用 Discord 搜尋功能

Discord 提供了 2 種不同的搜尋功能，一種是針對帳號內所有的伺服器、頻道、使用者搜尋的「帳號內容搜尋」，另外一種是針對單一伺服器的「伺服器內搜尋」。搜尋功能可以幫助使用者更有效率的找到資訊。

帳號內容搜尋

電腦版點擊 Discord 畫面左上角的 logo，接著點擊 logo 右邊的搜尋框，這個搜尋框可以針對「伺服器、頻道、使用者」進行搜尋，也可以直接用快捷鍵「Ctrl + K」來開啟這個搜尋功能；手機版則是有 3 個不同的搜尋功能，伺服器的頻道列表上方的搜尋框可以搜尋該伺服器內的資訊、訊息介面的搜尋框可以搜尋所有私人訊息中的資訊、設定介面的搜尋框可以快速找到需要的設定項目。

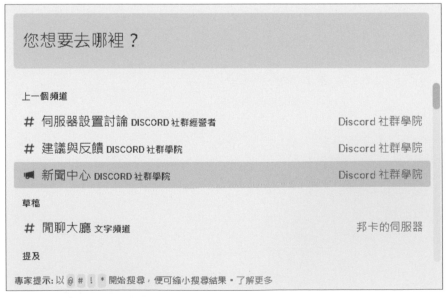

▲ 圖 15 電腦帳號內容搜尋

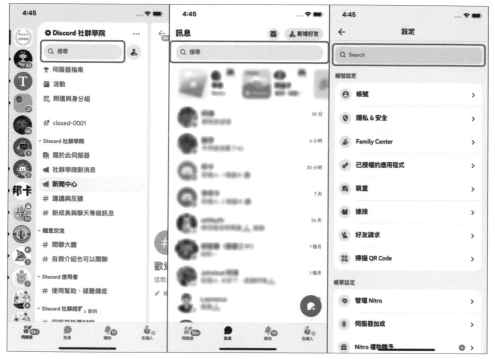

▲ 圖 16 手機版的 3 種搜尋

電腦版可以使用不同的符號做為開頭，針對不同類型來搜尋。

● 搜尋「伺服器」以 * 符號做為開頭

● 搜尋「文字頻道」以 # 符號做為開頭

● 搜尋「語音頻道」以 ! 符號做為開頭

● 搜尋「使用者」以 @ 符號做為開頭

伺服器內搜尋

電腦版點擊進入任何一個伺服器，可以在右側成員列表的上方看到一個搜尋欄，這個欄位可以用來搜尋單一伺服器內的內容；手機版進入任何一個伺服器以後，就可以在伺服器名稱下方看到「搜尋」欄位。

▲ 圖 17 電腦伺服器內搜尋

▲ 圖 18 手機伺服器內搜尋

除了直接輸入想搜尋的關鍵字之外，下拉式選單也預先設定了幾種不同的搜尋模式：

- 「從：使用者」：可以搜尋特定使用者發出的訊息。

- 「提及：使用者」：可以搜尋內容有提及特定使用者的訊息。

- 「有：連結、嵌入內容或是檔案」：選擇以後會進入第二層選單，看是要篩選帶有連結、嵌入內容、檔案、視訊電話、圖片、音效、貼圖哪一種類型的訊息。

- 「之前：特定日期」：可以搜尋某個日期之前的訊息。

- 「期間：特定日期」：可以搜尋某個時間段內的訊息。

- 「之後：特定日期」：可以搜尋某個日期之後的訊息。

- 「在：頻道」：可以搜尋在某個頻道有包含指定關鍵字的內容。

- 「已釘選：正確或錯誤」：可以直接篩選出有置頂或是無置頂的內容。中文因為翻譯的關係用了讓人會誤解的文字，正確代表置頂、錯誤則是無置頂的意思。

11 免費已經很夠用，付費可以有哪些升級

Discord 除了沒有商業廣告、沒有內容推薦演算法，一般使用者也不需要付費就可以享受到完整功能，是一個非常講求「以社群為中心」的社交通訊軟體。但這並不代表 Discord 沒有提供付費的加值服務。Nitro 會員就是由 Discord 所推出的月費制會員方案，可以進一步升級部分功能。

11-1 Discord 會員方案介紹

會員方案與權益會隨著 Discord 版本的更新而不斷調整。Discord 厲害的地方就在於影響到通訊體驗的新功能往往不會獨厚付費會員，但是加值型的功能只讓付費會員才能夠使用；既可以讓免費會員滿足交流與溝通的需求，也可以讓付費會員享受有別於免費會員的獨特性。以下就針對幾個在使用上比較有感的內容及權益做說明，更多關於加值型的最新內容還是以 Discord 官網及應用程式上的 Nitro 會員說明為準。

一般會員方案內容及權益介紹

● 收費方式：永久免費

● 上傳單一檔案容量上限：25 MB

● 加入伺服器數量上限：100 個

● 單篇訊息文字量上限：2000 字

● 表情符號與貼圖使用權：僅可使用靜態版本，且不可跨伺服器使用

- 個人資料：僅可使用靜態大頭貼、無法使用橫幅圖片、無法客製化伺服器個人介紹

- 伺服器加成：每個伺服器加成 150 元／月

Nitro Basic 方案內容及權益介紹

- 收費方式：每月新台幣 100 元／每年新台幣 1000 元

- 上傳單一檔案容量上限：50 MB

- 加入伺服器數量上限：100 個

- 單篇訊息文字量上限：2000 字

- 表情符號與貼圖使用權：可使用靜態與動態版本，可跨伺服器使用

- 個人資料：僅可使用靜態大頭貼、無法使用橫幅圖片、無法客製化伺服器個人介紹

- 伺服器加成：每個伺服器加成 150 元／月

Nitro 方案內容及權益介紹

- 收費方式：每月新台幣 310 元／每年新台幣 3090 元

- 上傳單一檔案容量上限：500 MB

- 加入伺服器數量上限：200 個

- 單篇訊息文字量上限：4000 字

- 表情符號與貼圖使用權：可使用靜態與動態版本，可跨伺服器使用

- 個人資料：可使用靜態與動態大頭貼、可使用橫幅圖片、可客製化伺服器個人介紹

● 伺服器加成：每月贈送 2 個伺服器加成，每個伺服器加成可用 7 折價格購買

11-2 什麼是伺服器加成？

伺服器加成是 Discord 的一種每月訂閱型的伺服器加值服務，每個伺服器都可以透過累積伺服器加成來提升伺服器的等級。伺服器升級後解鎖的功能，是所有伺服器的成員都可以共同享有的。有些成員會對自己喜愛的伺服器給予伺服器加成，當作是給伺服器管理員的鼓勵以及支持。

伺服器等級如何計算？

每個伺服器的成員都可以購買伺服器加成。伺服器累積特定數量的加成之後就可以升級。不過如果有成員取消訂閱，伺服器也會在加成不足的時候降級。

● 等級 1：擁有 2 個伺服器加成。

● 等級 2：擁有 7 個伺服器加成。

● 等級 3：擁有 14 個伺服器加成。

如何給予及觀看伺服器加成？

電腦版進入目標伺服器以後，點擊介面左上角的伺服器名稱，接著選擇「伺服器加成」，即可給予或觀看伺服器加成；手機版進入目標伺服器以後，點擊介面左上角的伺服器名稱，再點擊「伺服器加成」即可給予或觀看伺服器加成的狀態。

▲圖 1 電腦版伺服器加成

▲圖 2 手機版伺服器加成

伺服器不同等級的福利

● 表情符號、貼圖、音效板：這些都是伺服器可以自行上傳的客製化內容，詳細介紹在 13 - 5 說明。

● 直播品質、音訊品質：這些僅會影響在這個伺服器裡的表現。

● 上傳大小限制：是對單一檔案的容量限制。如果是 Nitro 會員的話，則不受此福利影響。

● 視訊舞台位置：指的是在舞台頻道的分享者開啟了分享畫面的功能以後，能夠同步收看該分享者畫面的人數限制（見第 14 章介紹）。

● 動態伺服器圖示：伺服器的顯示圖可以上傳動態的版本。

● 伺服器邀請背景：在傳送伺服器邀請連結給其他人的時候，可以額外顯示背景圖案。

● 伺服器橫幅：電腦版在伺服器名稱的下方將會出現橫幅圖案，手機版則是在伺服器名稱的上方會出現橫幅圖案。

● 自訂身分組圖示：身分組的名稱可以有額外的表情符號設定。

● 自訂邀請連結：伺服器邀請連結的網址可以客製化，將不再只是隨機的英數字組合。

福利	未加成 沒有加成	等級 1 2 次加成	等級 2 7 次加成	等級 3 14 次加成
表情符號空位	50	100	150	250
貼圖空位	5	15	30	60
音效板空位	8	24	36	48
直播品質	720p 與 30 FPS	720p 與 60 FPS	1080p 與 60 FPS	1080p 與 60 FPS
音訊品質	96 Kbps	128 Kbps	256 Kbps	384 Kbps
上傳大小限制	25 MB	25 MB	50 MB	100 MB
視訊舞台位置	50	50	150	300
動態伺服器圖示	✕	✓	✓	✓
伺服器邀請背景	✕	✓	✓	✓
伺服器橫幅	✕	✕	靜態	動態
自訂身分組圖示	✕	✕	✓	✓
自訂邀請連結	✕	✕	✕	✓

▲ 圖 3 伺服器加成福利一覽

第 **03** 篇

從 0 開始打造
你的專屬 Discord 伺服器

建立自己的 Discord 伺服器後，就可以用管理者的身
分來創造及經營屬於你的社群。本篇將從 0 開始說明如
何打造一個擁有健全功能的 Discord 伺服器。

經營前的思考：Discord 社群的主題與定位

12-1 構成社群的 3 個要素

你會如何跟別人解釋「社群」這個名詞的意思呢？

翻開教育部國語辭典，社群的解釋是：「社會群體的簡稱。指在特定區域或領域中交流的團體。」從這句話可以看到 3 個關鍵字：區域、領域、團體。

再更進一步的解釋：一群人（團體）因為共同目的／價值觀（領域），而聚集在特定的根據地（區域），這就是一個社群的雛形。讓我們分別就這 3 個關鍵字來具體說明。

● 一群人：1～2 個人並不能稱為是群，必須要 3 個以上的人才能夠稱為是群。

● 共同目的／價值觀：同樣的興趣、嗜好，或是為了某個共同的目的。

● 根據地：可以是實體場地也可以是虛擬的網路空間，只要能夠允許成員在其中彼此交流與互動。

12-2 Discord 在社群媒體中的定位

做為「自社群論壇」，Discord 的使用場景在很多方面都沒辦法抽離社群的要素，稱 Discord 為一種社群媒體也是完全正確的。只是市面上社群媒體的類型非常多元，在此筆者認為有必要來釐清一下何謂社群媒體。

根據維基百科的說明：社群媒體（social media）是人們用來創作、分享、交流意見、觀點及經驗的虛擬社區和網路平台。

基於這個定義來說，只要符合以下 2 個要素就可以被定義為社群媒體：

1. 以網路為基礎所建構的平台。

2. 人們可以在其上創作、分享及交流。

我們把台灣較為主流的社群媒體，依據核心主體的不同分成兩大類。

第一類：以個人／品牌為核心的類型

Facebook、Instagram、Tiktok、Twitter、YouTube 都是屬於這個類型。

每個人或是品牌都是以自己為核心，和其他人分享自身所關注或是和自身相關的內容。

這種社群媒體的特性，比較傾向於把訊息擴散出去。擁有大量的追蹤者／粉絲以及吸引目光的內容，能夠更有效的把想要傳遞的訊息散播出去。

第二類：以社群為核心的類型

Discord、LINE 群組／社群、Facebook 社團、Slack 都是屬於這個類型。

不以個人或是品牌為核心，而是聚集了對於某個主題、品牌有興趣的人所形成的社群。

這種社群媒體的特性，讓使用者可以選擇並加入自己感興趣的社群，社群裡面的內容多半也會圍繞著特定的主題做發展。

定位差異

與第一類的社群媒體相比，第二類的社群媒體更傾向把訊息留在同溫層裡做討論，著重的是內容的討論深度而不是散播廣度。

第一類和第二類的社群媒體從一開始的出發目的就不相同，前者重在訊息散播的廣度，後者重在內容與社群成員關係的深度。對於想要發展社群的個人或品牌來說，同時經營兩種類型的社群，不僅不會互相矛盾，反而還能夠達到相輔相成的加成效果。

12-3 Discord 能夠發揮的功能

第 2 章曾經介紹過 Discord 的特色，在這邊快速的複習一下，分別是：

1. 沒有商業廣告、沒有內容推薦

2. 免費使用、完整體驗

3. 以社群為中心

4. 獨一無二的使用者體驗

這些特色綜合起來，也是筆者認為 Discord 能夠從前面提到的第二類以社群為核心的社群媒體中勝出的原因。

「自社群論壇」Discord 具有高度的可客製化彈性，因此能夠發揮的功能也因人的想像力、創造力和執行力而有各種無限的可能。這邊列舉最常見的 5 種基本功能，這些功能可以互相疊加在一起形成更複雜的運用。

功能 1：資訊傳遞

人與人在網路上的互動，說穿了就是資訊上的交流，資訊傳遞是社群媒體的主要功能之一。

雖然 Discord 是以社群為主體的社群媒體類型，但是其在訊息通知上可說是設計的相當縝密。

對伺服器內的成員來說，Discord 擁有很強的訊息查找功能與通知客製化設定（第 10 章有關於這部分的詳細說明）；如果要追蹤 Discord 以外的網路平台資訊，歸功於 Webhook 機制與第三方應用程式的發達，將 Discord 改造為資訊匯集中心也是完全沒有問題的，在第 19 章會說明如何使用 Discord 做為個人新聞及雲端中心。

功能 2：關係管理

人與人之間的關係建立於彼此的熟悉度。社群能夠對成員起到基礎的篩選功能，需要對於某一個主題有興趣、或是符合加入資格的人才能夠參與同一個社群。不同於以人為主體的社群媒體，在參與以社群為主體的社群媒體時，互動交流的門檻相對比較高，也因此在同一個 Discord 伺服器的人們往往彼此之間有更多的機會可以互動。

Discord 在身分組（第 15 章）的功能上下了很多工夫，搭配權限（第 16 章）的設定，可以做到很精細的分眾管理，讓不同屬性的社群成員擁有不一樣的社群體驗。不管是 YouTuber 想要針對不同等級的粉絲做溝通，或是品牌想要依照不同的顧客做管理，都能夠透過內建功能來達到效果。在第 22 章會說明如何使用 Discord 做為個人自媒體粉絲團。

功能 3：休閒娛樂

Discord 的開發團隊最早就是在開發遊戲的過程中誤打誤撞的創造出了最初版本的 Discord，其後也因為 Discord 能夠滿足遊戲玩家的線上交流需求而在遊戲社群有了一席之地，說 Discord 是誕生自休閒娛樂真是一點也不為過。

Discord 提供豐富多元的方式讓使用者可以自由的交流，許多遊戲玩家透過 Discord 的語音功能一起在線上遊戲、興趣社群透過 Discord 的舞台頻道舉辦線上歌唱比賽、三五好友透過直播功能在線上敘舊。此外近期 Discord 也在語音頻道陸續上線了幾款小遊戲，讓社群成員可以直接留在 Discord 伺服器裡玩遊戲。這些方式都能夠滿足休閒娛樂的需求。

功能 4：價值交付

隨著創作者經濟和知識付費意識的崛起，現在有越來越多人認同數位內容是有價的，也越來越多人願意付費購買數位內容與數位服務，這樣的內容在 Discord 上做交付也是越來越普遍。

舉個近期興起的 AI 生成藝術工具 - Midjourney 為例，就是一定要透過 Discord 才能使用的一個付費服務。使用者只要輸入文字指令，就可以讓 AI 依據指令內容生成相應的圖片。另外也有許多知識含量豐富的分享講座舉辦在 Discord 伺服器內的語音以及舞台頻道。這些都是用 Discord 實現價值交付的應用方式。

功能 5：協同合作

COVID-19 疫情一度改變了全世界人們的生活與辦公模式。在疫情期間很多通訊軟體蓬勃發展，Discord 也是在這期間快速成長的其中一項應用。有些習慣的改變並不會因為疫情結束而回到從前。

有些新創團隊使用 Discord 做為與消費者的溝通管道，可以藉此蒐集回饋意見；有些辦公室透過 Discord 的頻道功能，做為內部團隊的溝通工具以及線上會議室；有些學生則是透過 Discord 在線上進行分組報告的討論。這些都是協同合作的運用方式。

12-4 社群的成立目的／價值觀

介紹完 5 種自媒體論壇 Discord 能夠提供的功能以後，大家對於使用方式的輪廓有了更具體的瞭解。接著讓我們來聊聊 Discord 社群成立的目的。

目的／價值觀是構成社群 3 要素裡面最抽象的部分。目的／價值觀沒有數量的限制，完全看社群管理者想要形塑出什麼樣的社群；目的／價值觀也沒有制式的規則與模型，能夠因應社群的發展而做出調整與改變。在成立社群前請先思考社群成立的目的／價值觀，一開始不需要很複雜，只要訂出明確的方向就可以了。以下列舉幾種常見的類型給大家做為思考時的參考方向。

第 1 類：興趣社團

以某種興趣或嗜好為出發點的社群。這類型的社群又可以稱為是「同好會」，大家都有一個共同喜愛的東西，為了想要更深入的討論而聚在一起。興趣社團大部分是由愛好者自行發起的，少部分是由組織所發起的。另外一個很大的特色是這種社群必須是非商業導向，筆者將商業導向的社團歸類於其他的類別。

興趣社團可以廣泛討論某一個領域的主題，譬如旅遊、美食、電玩、明星、購物；也可以針對某個領域內的分類，以電玩為例，可以依據遊戲類型來區分，譬如：角色扮演類、射擊類、卡牌類。

因為 Discord 可以用頻道和身分組功能將同一個伺服器內的成員分流（見第 14、15 章），成員也能自由設定想接收的通知（見第 10 章），所以社團中可以再細分小主題，每個成員也可以自由選擇要關注哪些主題。

第 2 類：鐵粉經營

這裡指的鐵粉是對於某個品牌／人物的忠實支持者，而且往往要參與這種社群是需要獲得邀請或是達到某個門檻才能加入的。那個門檻是能夠區分出忠實支持者的證明，可能是付費訂閱會員、消費達到一定等級的VIP、或是完成某些條件或達成特定成就的成員。

鐵粉經營可以是某個人物（如 Youtuber）為了回饋粉絲以及與粉絲互動所創立的社群，也可以是某個品牌為了提供服務以及與客戶建立關係所創立的社群。在這個社群裡的成員能夠直接／間接與該名人物或是品牌的官方團隊互動。

第 3 類：協同合作

透過線上的溝通來提高合作的效率，是這類型群組成立的目的。不論是新創團隊、辦公室同事還是學生的分組報告，只要沒辦法在線下的環境一起討論的時候，線上的溝通軟體就會是一個很好的輔助工具。

這種社群由於目的性非常明確，團體內的成員多半彼此熟識或是已經擁有一些合作的經驗，在社群的構成上相對於其他類型的社群更偏向封閉型團體。成員間注重的是溝通上的效率以及工作上的產出。

第 4 類：商業變現

一開始就以商業變現為目的而創立的社群，其著重的功能往往偏向於價值交付。也有社群一開始不是以變現做為目的出發，而是從興趣社團、鐵粉經營、協同合作等類型慢慢的演變出價值交付的功能，才產生商業變現的目的。

Discord 近期積極的在開發創作者能夠透過經營 Discord 伺服器來變現的功能，不過現階段釋出的功能僅限居住在美國地區的使用者才能夠使用。即便台灣地區的使用者目前尚無法使用 Discord 內建的變現功能，但還是有一些替代方式能夠使用 Discord 來做到「給予付費成員獨特內容」的效果。像是透過設定權限，讓部分的身分組與頻道只有付費成員才能夠存取，如此一來就能夠做到給予獨特功能與價值交付的效果。

目的／價值觀有各種各樣的形式與呈現方式，以上介紹只是列舉常見的類型，可以根據這些基礎再添加自己的想法做出變化。或是先閱讀完整個第三篇，對於 Discord 各方面的設定有更進一步的了解之後，再來思考自己心中的目的／價值觀能不能透過 Discord 伺服器的功能來達成。

13 伺服器設定

13-1 新增一個 Discord 伺服器

要擁有屬於自己的 Discord 伺服器，第一步就是自己新增一個。每個 Discord 帳號都可以免費新增多個伺服器，唯一的限制是一個帳號最多可以參與 100 個伺服器（自己創建的伺服器也包含在內）。如果要提升可參與的伺服器數量，購買 Nitro 會員就可以擴增上限到 200 個（Nitro 會員的介紹請見第 11 章）。

首先在 Discord 介面左邊的伺服器列表找到下方的 + 號（新增一個伺服器）。

▲ 圖 1 新增一個伺服器

接著可以選擇是否套用官方模板。如果選擇「建立自己的」，就會開啟一個全新的空白 Discord 伺服器；如果選擇「根據模板撰寫」下方的選項，則會根據所選的主題來套用 Discord 官方提供的模板。模版的功能會在後面說明。

然後系統會向你詢問伺服器的用途，這邊即使不做選擇也沒關係。選擇了以後，Discord 會針對不同的需求提供相關的設定指引。

▲ 圖 2 建立伺服器　　　　　　　▲ 圖 3 介紹伺服器

　　最後設定伺服器的顯示圖片和名稱就大功告成了。如果一時之間找不到適合的圖片和名字也沒有關係，因為這些都可以在之後隨時到伺服器設定中的「概要」做修改，沒有修改次數的限制。

▲ 圖 4 伺服器個人化

▲ 圖 5 修改顯示圖片和名稱

什麼是 Discord 伺服器模板

前面有提到，Discord 官方會提供不同的伺服器主題模板，其實一般使用者也能夠將自己的伺服器模板分享給其他人使用。可以把伺服器模板想像成是伺服器的骨架，裡面包含的內容主要有 3 大類：

1. 頻道設定：包含所有頻道、分類的名稱及權限設定。

2. 身分組設定：包含所有身分組和權限的設定。

3. 預設伺服器設定：伺服器概覽中的設定。

除了以上 3 大類的內容之外，其他像是成員名單、對話紀錄、安裝的機器人等等都不會包括在伺服器模板裡。

如何使用 Discord 伺服器模板

只要取得 Discord 伺服器模板的超連結，點擊該超連結後，Discord 就會自動跳出一個新創伺服器的通知，後續跟新增一個 Discord 伺服器的步驟都是一樣的。完成新增後就可以擁有一個與模板在頻道、身分組、權限設定一模一樣的伺服器。本書也會在第 4 篇提供一些對應不同使用場景的模板給大家做套用。

一般伺服器與社群伺服器的差異

所有新創建的 Discord 伺服器都是一般伺服器，必須要到伺服器設定裡面「啟用社群伺服器」才能將一般伺服器轉換為社群伺服器。

社群伺服器擁有比一般伺服器更多的管理工具與功能，不過相對的，伺服器也需要將安全性依照系統建議提高，如此一來才能轉換為社群伺服器。安全性提高意味著對使用者有更多的限制，但同時也保障了其他社群成員和伺服器的安全性。

如果你的 Discord 伺服器只是用來和幾個熟識朋友連絡感情的交流群組，那麼社群伺服器能夠幫助的部分相當有限。但如果你的目標是提供社群成員完善的交流環境，那麼社群伺服器所提供的一系列管理工具與功能，將能夠大大的提升管理伺服器的效率以及伺服器的社群體驗。

📓 小秘訣 13 - 透過伺服器圖示來判斷伺服器的類型

伺服器可以分成一般伺服器、社群伺服器，除此之外還可以再分成有綠色勾勾的已驗證伺服器（Discord 官方認證為企業或品牌所管理的伺服器）、藍色圖案的 Discord 合作夥伴（Discord 官方認證為優質、參與度高的伺服器）。這些小圖示都會顯示在伺服器名字的旁邊（電腦版是顯示在前方，手機版則是顯示在後方）。

`NEXT`

 已驗證伺服器 Discord 合作夥伴 社群伺服器

▲ 圖 5 不同伺服器的圖案

13-2 如何啟用社群伺服器

Discord 把「啟用社群」的功能做得非常簡易，只要照著系統的指示，將所有需要的設定打勾，Discord 就會自動把伺服器的安全設定調整到需求的層級。

步驟 1：找到「啟用社群」選項

首先在要設定的 Discord 伺服器內，點擊左上角的伺服器名稱，接著在彈出的下拉式選單中點擊「伺服器設定」選項。在新的視窗將左側的選單滑到最下方，如果這個伺服器還沒有啟用社群，就可以在社群這個類別看到「啟用社群」的選項。

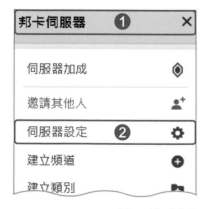 

▲ 圖 6 找到「啟用社群」選項

接下來的流程就相當單純了，只要點選「啟用步驟」，然後照著系統指示勾選、點擊下一步就可以完成。但如果你是第一次進行這個流程，建議還是仔細的了解一下每一個步驟究竟更動了伺服器的哪些設定。

流程 1：安全檢查

如果原本伺服器的設定就已經符合啟用社群伺服器的要求，那麼畫面上就會顯示一個無法被取消的藍勾勾，代表可以直接繼續下一步；如果原本伺服器的設定沒有符合啟用社群伺服器的要求，那也只要點擊藍勾勾，系統就會自動幫忙調整成符合的設定。

在流程 1 的部分有 2 個設定的調整：

1. 所有能夠在伺服器內發言的社群成員都至少要驗證 Discord 帳號的電子郵件。

2. Discord 會自動掃描社群成員在 18 禁頻道以外發佈的所有媒體內容，若有嫌惡內容，Discord 將會自動刪除。

▲ 圖 7 讓您的社群安全無虞

流程 2：正在設定基本設定

在這個流程，Disocrd 會要求管理者建立 2 個啟用社群功能必備的頻道。可以選擇目前已經創建的頻道，也可以請 Discord 幫忙建立，這 2 個頻道分別是：

● 「伺服器成員規則或守則」頻道：這個頻道用來張貼加入這個伺服器需要遵守的規則或守則。

● 「社群更新」頻道：這個頻道會定期更新 Discord 任何與管理員和版主相關的最新消息。

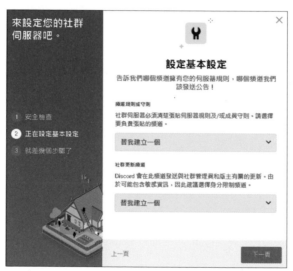

▲ 圖 8 設定基本設定

流程 3：就差幾個步驟了

這個流程有 2 個社群成員權限的調整，都是為了要讓伺服器有更好的社群體驗以及更高的安全性。

● 將通知預設為「只有 @mentions」

● 從 @everyone 中移除管理權限

最後勾選遵守規則的同意選項，然後按下「結束設定」，就能正式的啟用社群伺服器的功能。

▲圖 9 最後一步

啟用「社群伺服器」後解鎖的功能

● 更多可使用的頻道類型：一般伺服器僅能建立文字頻道和語音頻道。開啟社群伺服器以後，會解鎖額外的 3 種頻道類型，分別是論壇頻道、公告頻道和舞台頻道，這些頻道的功能將會於第 14 章說明。

● 概要：其功能等同於是社群伺服器的首頁，可以在這個頁面直接修改或連結到各個社群伺服器才有的功能。若要關閉社群伺服器的功能，也是在這個頁面進行。

▲ 圖 10 概要頁面

● 培訓：這個功能可以讓新進的社群成員更快融入伺服器。社群成員能夠透過回答問題來取得身分組，也能夠自定義伺服器的頻道列表。這部分的設定教學會在第 15 章與身分組一起説明。

● 伺服器分析：需要伺服器成員數超過 500 人才能夠解鎖這個功能，能夠提供管理者關於伺服器內各項與社群成員有關的互動數據。

● 合作夥伴計畫：達成門檻條件後可以進行申請，申請成功後將能獲得由 Discord 提供的品牌宣傳和專屬福利。雖然在撰寫本文的當下，Discord 官方表示該計畫目前已暫停，但相信日後應該會再開放，或是修改為其他的形式。

音效板
小工具
伺服器模板
自訂邀請連結

應用程式
整合
App 目錄

管理
安全設定
審核日誌
被停權者

社群
概要
培訓
伺服器分析
合作夥伴計畫
探索

營利
伺服器訂閱
伺服器加成狀態

Discord 合作夥伴計畫 (目前已暫停)

我們願意支持將時間和精力投入在 Discord 上的社群。透過我們的合作夥伴計畫，取得您建立
用心經營社群的獎勵。了解更多。

獨特的品牌宣傳

使用自訂網址、伺服器橫幅
和邀請宣傳圖，為您的伺服
器增添個人風格。

夥伴專屬福利

取得 Discord Nitro、社群獎
勵，以及夥伴專屬伺服器的
存取權。

獲得認可

獲得您伺服器上的特殊徽
章，就能在我們的「探索」
頁面上顯得格外出眾。

申請成為「合作夥伴」

如果要申請，請參考下列規定。請注意，這些只是可申請的最低要求，並不保證一定會接受。

所有成為合作夥伴的伺服器都必須遵守合作夥伴管理辦法。

▲ 圖 11　合作夥伴計畫

● 探索：達成門檻條件後可以申請。成為探索伺服器將可以讓伺服器的
曝光機會增加，任何人都有機會透過「探索公開伺服器」的方式找到
你的伺服器。

▲ 圖 12 探索伺服器申請條件

● 安全設定選項整合：開啟社群伺服器後，原本獨立的 AutoMod 選項會被整併進安全設定裡面。

13-3 安全設定說明

如果有依照系統指示來啟用社群伺服器，代表你的伺服器的安全度已經有了基本的保障。打開「安全設定」選項後，可以在每個類別的下方看到系統提示目前你的伺服器在各個類別已經啟用了幾項措施（圖 13）。下圖顯示的狀態是在啟用社群伺服器後預設開啟的措施數量。

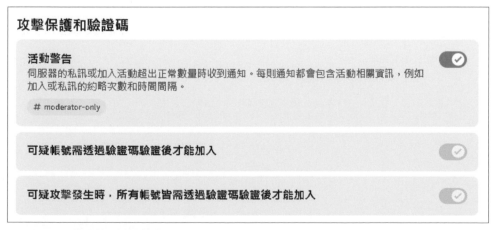

安全設定

最近更新

您在找「規則審查」、「驗證等級」或 AutoMod 嗎？我們已將這些工具重新整理至此頁面

我們也新增了許多安全工具，您可於下方查看。重點：

- 驗證碼會運用智慧方式認證加入者
- 疑似攻擊發生時，將自動封鎖可疑加入者
- 我們會在使用者前往可疑外部連結前，發出警告
- 我們會將疑似濫發的私人訊息傳送至特別的「請求」收件匣

應用程式
整合
App 目錄

管理
安全設定
審核日誌
被停權者

社群
概要
培訓
伺服器分析
合作夥伴計畫
探索

營利
伺服器訂閱

伺服器加成狀態

攻擊保護和驗證碼
已啟用 3 個（總共 3 個）　　　　　　編輯

私人訊息和濫發訊息保護
已啟用 5 個（總共 6 個）　　　　　　編輯

AutoMod
已啟用 1 個（總共 5 個）　　　　　　編輯

權限
已啟用 1 個（總共 2 個）　　　　　　編輯

▲ 圖 13 安全設定説明

攻擊保護和驗證碼

能夠保護伺服器，在受到其他人惡意攻擊後啟動保護措施。除非有特殊的用途，否則沒有必要特別去關閉這些措施。

攻擊保護和驗證碼

活動警告
伺服器的私訊或加入活動超出正常數量時收到通知。每則通知都會包含活動相關資訊，例如加入或私訊的約略次數和時間間隔。

\# moderator-only

可疑帳號需透過驗證碼驗證後才能加入

可疑攻擊發生時，所有帳號皆需透過驗證碼驗證後才能加入

▲ 圖 14 攻擊保護和驗證碼

私人訊息和濫發訊息保護

（圖 15）以下除了設定伺服器規則之外，其它預設都會是開啟的。

● 驗證等級：一共有 4 種不同的等級。預設開啟的會是「低」，也就是社群成員的 Discord 帳號至少通過電子信箱的驗證，可以視需求提高，最高的層級需要社群成員將 Discord 帳號與手機綁定。

▲ 圖 15 驗證等級

● 成員必須接受規則，才能聊天或傳送私訊：可以設定伺服器的規則（圖
16）。新加入的社群成員會看到一個寫著規則的跳出視窗，如果他們
沒有勾選同意的話，就無法在伺服器內聊天、點擊反應或私訊其它成
員。不過這個同意只是形式上的，沒有任何強制力。另外，如果給予
新進成員任何一個身分組的話，則可以跳過這個接受規則的步驟。換
言之，只會對沒有任何身分組的社群成員要求這個步驟。

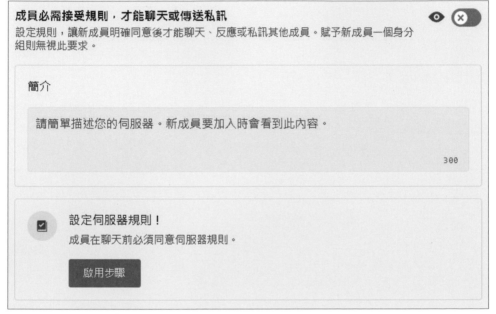

▲ 圖 16 設定伺服器規則

● 隱藏來自可疑使用者的私人訊息：將可疑私人訊息傳送至另一個「濫
發訊息收件匣」。成員可以傳送詐騙檢舉或將該訊息移回「收件匣」。

● 過濾來自未知使用者的私人訊息：將未知使用者的私人訊息傳送至
「訊息請求收件匣」。成員必須先允許請求，才能回覆訊息。

AutoMod

MOD 是 Moderator 的縮寫，泛指 Discord 的「版主」。這些版主擁有比一般社群成員更高權限的身分組，而 AutoMod 的意思就是由系統自動運作的版主的概念，可以幫忙盡到一些版主的職責。這個類別的選項都是與訊息相關的，能夠針對某些不雅字詞設定黑名單，讓系統自動偵測整個伺服器的訊息。

● 封鎖成員個人資料名稱中的文字：能夠針對社群成員的暱稱文字進行限制，如果使用了禁止的文字在暱稱上，則該名成員將會無法在伺服器內進行任何互動。

▲ 圖 17 AutoMod 設定畫面

- Block Mention Spam（封鎖故意提及太多人的訊息）：能夠設定一則訊息最多可提及的身分組和使用者的數量上限，也能夠設定針對違規的訊息做封鎖、傳送警告或是禁言的處置。

- 封鎖疑似濫發訊息內容：目前只有英文可以使用此項功能，也許日後會開放其他語言也能夠使用。

- 封鎖常用標記字詞：目前只有英文可以使用此項功能，也許日後會開放其他語言也能夠使用。

- 封鎖自訂字詞：是以上兩項封鎖的替代方案，目前沒有語言的限制，能夠設定特定的關鍵字黑名單或例外清單。一旦有符合黑名單、又不在例外清單上的字詞出現，系統就會採取設定的回覆行為。

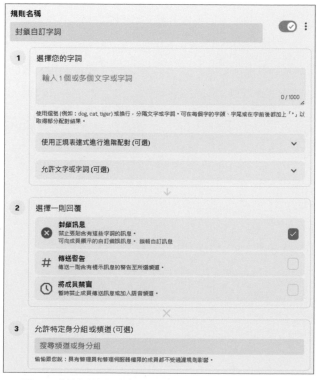

▲ 圖 18 封鎖自訂字詞設定畫面

- 嫌惡圖片過濾器：針對伺服器內所有非 18 禁的頻道進行嫌惡圖片的偵測，一旦偵測到就會自動封鎖該訊息，但設定為 18 禁的頻道則不在此限。關於 18 禁頻道的設定會在第 14 章做說明。

權限

- 版主操作需要 2FA：2FA 也被稱為雙重驗證、二階段驗證，開啟這個選項會讓版主的帳號必須先啟動 2FA 才能行使對成員封鎖、踢出或禁言及刪除訊息的權限，關於如何開啟 2FA 的步驟在 6-3 有詳細的步驟說明。

- 移除 @everyone 的風險權限：everyone 是所有社群成員一定會擁有的最基礎的身分組，如果讓 everyone 拿到任何的風險權限，就代表所有社群成員都有該權限。此選項在開啟社群伺服器之後就會變成強制開啟。

13-4 如何邀請其他人加入伺服器？

創建好伺服器之後，就可以開始邀請朋友加入。只要給予其他人你的「伺服器邀請連結」即可。

電腦版可以透過點擊左上角的伺服器名稱，然後選擇「邀請其他人」來取得「伺服器邀請連結」。

▲ 圖 19 電腦版取得邀請連結

手機版點擊左上方的伺服器名稱後，在跳出的選單點擊「邀請」，接著選擇「複製連結」就可以取得伺服器的邀請連結。

▲ 圖 20 手機版取得邀請連結

伺服器邀請連結設定

電腦版在「邀請其他人」的畫面點擊下方的「編輯邀請連結」或是「連結設定」，還可以修改連結的有效時間（最短 30 分鐘、最長為永久）、最大使用次數（最少 1 次、最多沒有限制）。

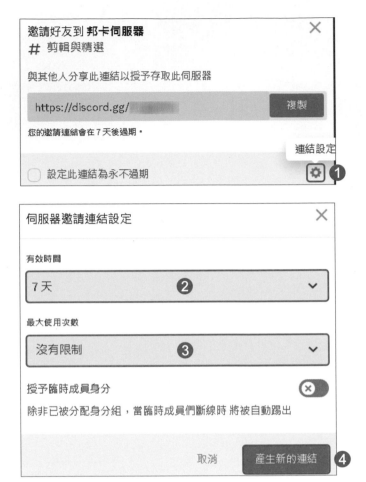

▲ 圖 21 伺服器邀請連結

管理伺服器邀請連結

伺服器管理員可以在「伺服器設定」選單中的「邀請」選項中刪除目前伺服器對外發出的所有邀請連結，或是也可以選擇「暫停邀請」讓伺服器暫停對外的會員招募。

	邀請			
App 目錄	列表中是所有目前啟動中的邀請連結。您可以撤銷任一個連結。			
管理				
安全設定	暫停邀請			
審核日誌				
被停權者	邀請者	邀請代碼	使用數	到期日
社群	邦卡 #一般頻道		2	05:22:39:17
概要				
培訓	Power945050 #剪輯與精選		0	06:23:49:10
伺服器分析				
合作夥伴計畫	Power945050 #一般頻道		0	06:23:49:21

▲ 圖 22 管理伺服器邀請

13-5 伺服器獨家客製化內容 （表情符號、貼圖、音效板）

　　每個伺服器都可以上傳專屬於自己伺服器的表情符號、貼圖和音效板。一般會員只能夠在伺服器裡使用，到其他的伺服器就不能再使用這些內容；不過 Discord Nitro 會員可以突破伺服器的限制，在任何一個伺服器使用已經加入的伺服器所提供的客製化內容。關於 Discord Nitro 會員的介紹可以在 11-1 找到。

　　開啟伺服器設定後就可以看到表情符號、貼圖和音效板的管理選項並排在一起。

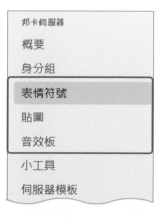

◀ 圖 23 表情符號、貼圖和音效板選項

表情符號、貼圖和音效板能夠上傳的數量跟伺服器等級有關係，關於伺服器的等級在 11-2 有詳細的介紹。

表情符號

表情符號除了能夠和文字搭配讓訊息變得更生動，還能夠用作對其他人發佈訊息的反應，這些反應會顯示在原本訊息的下方。

開啟伺服器設定的「表情符號」選項後，能夠看到關於上傳規格的限制。特別要注意的是一般成員只能使用靜態表情符號，只有 Discord Nitro 會員可以使用動態的表情符號。

依據伺服器等級的不同，能夠上傳的表情符號數量如下：

● 0 級伺服器可以上傳 50 個

● 1 級伺服器可以上傳 100 個

● 2 級伺服器可以上傳 150 個

● 3 級伺服器可以上傳 250 個

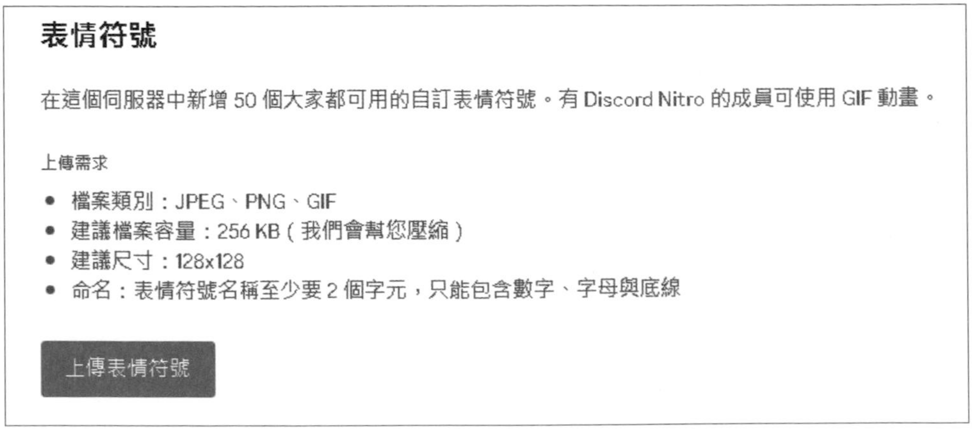

表情符號

在這個伺服器中新增 50 個大家都可用的自訂表情符號。有 Discord Nitro 的成員可使用 GIF 動畫。

上傳需求

- 檔案類別：JPEG、PNG、GIF
- 建議檔案容量：256 KB（我們會幫您壓縮）
- 建議尺寸：128x128
- 命名：表情符號名稱至少要 2 個字元，只能包含數字、字母與底線

上傳表情符號

▲ 圖 24　上傳表情符號

貼圖

貼圖雖然無法穿插於文字之間，但圖案比起表情符號來說是相對巨大的，在畫面顯示上非常有份量。與表情符號的使用規則一樣，一般成員只能使用靜態表情符號，只有 Discord Nitro 會員可以使用動態的表情符號。在上傳的過程中有比較多的欄位需要填寫。

依據伺服器等級的不同，能夠上傳的貼圖數量如下：

- 0 級伺服器可以上傳 5 個

- 1 級伺服器可以上傳 15 個

- 2 級伺服器可以上傳 30 個

- 3 級伺服器可以上傳 60 個

▲ 圖 25 點選上傳貼圖

▲ 圖 26 填寫貼圖相關資訊

音效板

音效板是一段長度不能超過 5 秒的音效，概念類似於罐頭音效，社群成員可以在語音頻道中使用。

依據伺服器等級的不同，能夠上傳的音效板數量如下：

● 0 級伺服器可以上傳 8 個

● 1 級伺服器可以上傳 24 個

● 2 級伺服器可以上傳 36 個

● 3 級伺服器可以上傳 48 個

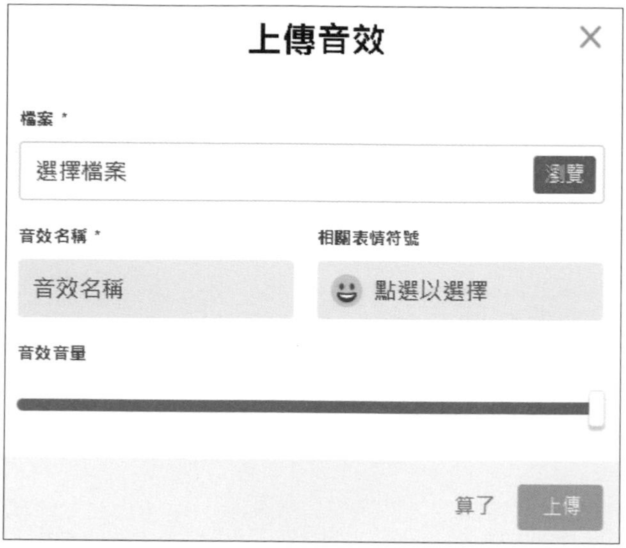

▲圖 27 上傳音效

14 頻道

接續上一章的內容，擁有了屬於自己的 Discord 伺服器之後，接下來可以開始著手建立「頻道」與「類別」，如此一來伺服器的成員就可以開始在這些地方進行討論與交流。

14-1 了解「頻道」與「類別」

「頻道」是構成 Discord 伺服器的基本單位，每個 Discord 伺服器最多可以擁有 500 個頻道，每個頻道都可以想像成是獨立聊天室的概念。頻道依據隱私度和功能可以再細分成不同的頻道類型，這個我們會在 14-2 展開說明。

如果「頻道」是伺服器的基本單位，那「類別」可以想像成是資料夾的概念。每個「類別」都可以收納複數個不同的頻道，譬如可以把「旅遊」設定為一個類別，在這個類別之下又分成台灣旅行、日本旅行、新加坡旅行等等不同的頻道，然後把「美食」又設為另外一個類別，在其下再分成早餐、中餐、下午茶等不同的頻道。這樣不僅方便社群成員辨識不同類別與頻道，也方便管理員在權限上做統一管理，因為在同一個類別底下的頻道可以一鍵同步權限設定（見第 16 章）。

在電腦版中，頻道與類別都可以透過拖曳的方式來改變伺服器中的順序，在版面的安排上可以依據功能的分類或是管理者的喜好來做排列。

如何建立頻道

伺服器管理員在 Discord 伺服器左側頻道列表的任一空白位置點擊滑鼠右鍵，在跳出的選單中選擇「建立頻道」的選項，接著（1）選擇要建立的頻道類別、（2）幫頻道取一個名字、（3）選擇為公開或私人頻道，完成以上 3 個設定後按下「建立頻道」就完成頻道的建立了。

▲圖 1　空白位置點擊
滑鼠右鍵，再點建立
頻道

如何建立類別

與建立頻道的步驟相同（圖 1），在 Discord 伺服器左側頻道列表的任一空白位置點擊滑鼠右鍵，在跳出的選單中選擇「建立類別」的選項，接著（1）幫類別取一個名字、（2）選擇為公開或私人類別，完成以上 2 個設定後按下「建立類別」就完成類別的建立了。

14-2 頻道類型介紹

Discord 會隨著時間不斷的改善與增添新功能，像是在撰寫本書的當下 Discord 也正不斷的在測試新的頻道類型，所以未來可以預期會有更多樣的頻道類型釋出。目前 Discord 頻道的類型可以從兩種面向來做區分：

1. 依據頻道的瀏覽權限來區分：公開頻道、私人頻道。

2. 依據頻道的主要功能來區分：文字（Text）頻道、語音（Voice）頻道、論壇（Forum）頻道、公告（Announcement）頻道、舞台（Stage）頻道、特殊功能頻道。

　　在這一節提到的大多數功能，都可以各別設定要開放給哪些伺服器成員使用。即使是公開頻道，也可以將其中的某些功能關閉，不讓一般成員使用。這些「權限」的詳細設定方式會在第 16 章説明。

公開頻道

　　公開頻道的意思就是所有伺服器的社群成員都能夠看到的頻道，這規則也適用在公開類別上。

私人頻道

　　私人頻道的意思就是只有某些特定的成員或是身分組才能夠看到的頻道（身分組會在第 15 章做説明），這規則也適用在私人類別上。如果將私人頻道／類別的選項打開，會跳出一個可以新增成員或身分組的視窗。

▶ 圖 2 私人頻道／類別開關

文字（Text）頻道

特性 1：可傳送各種形式的內容

　　文字頻道是 Discord 伺服器中最廣泛使用的頻道類型，文字、圖片、影片、檔案皆可以在文字頻道傳送，在概念上可以理解為聊天室，跟 LINE 等等通訊軟體的群組是類似的功能。

特性 2：可釘選訊息

　　重要的訊息可以釘選，換句話說就是「置頂」的意思，可以讓訊息顯示在文字頻道中的「已釘選的訊息」處。電腦版在文字頻道介面的右上角有一個大頭釘的圖案，那就是「已釘選的訊息」；手機版則是進入文字頻道後，再點選一次左上角的頻道名稱，即可在跳出的介面找到「釘選」。

▲圖 3　電腦版頻道介面右上角的討論串及已釘選的訊息

▲圖 4　手機版頻道介面的討論串及已釘選的訊息

　　釘選訊息沒有數量的限制，在「已釘選的訊息」處的訊息會依照被釘選的順序來顯示，最後被釘選的訊息會出現在最上方。

　　要釘選訊息的話，只要對著訊息點擊右鍵（手機版則是長按訊息不放），然後選擇「釘選訊息」即可。

◀圖 5　釘選訊息

特性 3：可建立討論串

可以針對單則訊息建立延伸的頻道內討論串，或是也可以開啟全新的討論串。

電腦版的話在文字頻道介面的右上角有一個右下角有對話框的井字號圖案，那就是「討論串」（圖 3）；手機版則是進入文字頻道後，再點選一次左上角的頻道名稱，即可在跳出的介面找到「討論串」（圖 4）。如要開啟全新的討論串只需要點擊討論串圖示後，再點選「建立」即可。

▲ 圖 6 建立全新的討論串

特性 4：可複製訊息連結

Discord 可以複製任一則訊息的連結，有權限瀏覽該訊息所在頻道的成員在點擊訊息連結後，就能夠直接跳轉到該訊息所在的頻道及訊息確切的位置；沒有瀏覽權限的社群成員在點擊訊息連結後不會有任何反應。

複製訊息連結的方式，只要對著訊息點擊右鍵（手機版則是長按訊息不放），然後選擇「複製訊息連結」。

◀ 圖 7 複製訊息連結

特性 1：可視訊及分享螢幕

語音頻道除了讓社群成員可以使用語音功能交流之外，也支援視訊和分享螢幕的交流功能。搭配文字頻道，基本上能夠實現所有網路上的溝通方式。唯一要注意的就是單一分享螢幕最多只能支援 50 人同時觀看，第 51 個人將會無法看到螢幕分享的畫面。

電腦版在進入語音頻道後，可以看到一個控制面板：

1. 靜音／解除靜音：開啟或關閉麥克風。

2. 開啟相機：開啟或關閉視訊畫面。

3. 分享您的螢幕：點擊後能夠選擇想要分享的直播內容。可以分享特定的應用程式，也可以分享特定的畫面。

4. 開始一個活動：能夠在 Discord 玩遊戲或看 YouTube 影片，將會在特性 3 說明。

5. 開啟音效板：類似於罐頭語音的功能。如果說文字有表情符號可以互動，那語音就有音效版可以使用。

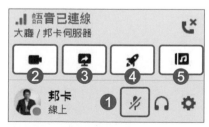

▲ 圖 8 電腦版控制面板

手機版在進入語音頻道後，可以看到下方的簡化控制面板，上滑可以看到完整的控制面板（圖 9）：

1. 擴音功能。

2. 邀請：邀請其他人加入語音頻道。

3. 開啟相機：開啟或關閉視訊畫面。

4. 靜音／解除靜音：開啟或關閉麥克風。

5. 開啟語音頻道的附帶文字頻道。

6. 開始一個活動：在 Discord 玩遊戲或看 YouTube 影片。將會在特性 3 說明。

7. 離開語音頻道。

8. 音效板。

9. 分享您的螢幕：點擊後能夠選擇啟動螢幕直播來分享手機的畫面。

10. 拒聽：關閉手機的聲音輸出，這樣就會聽不到語音頻道內的聲音。

▲ 圖 9 手機版控制面板

特性 2：內建文字溝通頻道

　　早期語音頻道尚未內建文字頻道時，替代方案就是搭配另外一個文字頻道使用。會有這樣的用法是因為，雖然大家都可以在語音頻道講話，但是同一時間只能讓一個人說話，否則聲音混雜在一起的話就沒有人可以聽得清楚，沒有在講話的人就可以透過輸入文字的方式來同步進行溝通。

目前的版本，每個語音頻道都會自動附帶一個文字頻道，電腦版可以在頻道列表的頻道名稱右邊或是語音頻道的的右上角找到對話框的圖示，點擊就可以進入語音頻道附帶的文字頻道；手機版在進入語音頻道後，在介面的中間也可以看到對話框的圖示，點擊後即可進入語音頻道附帶的文字頻道。

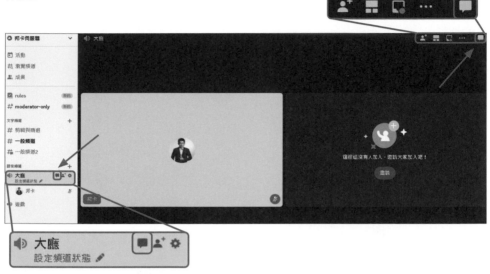

▲ 圖 10 電腦版進入附帶的文字頻道

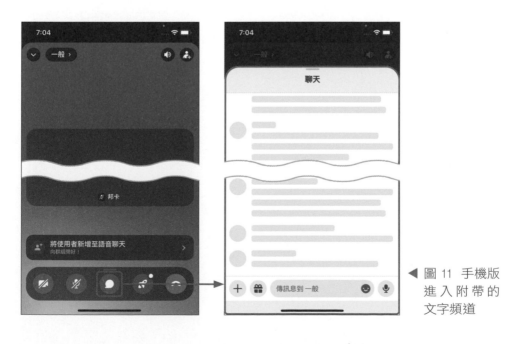

◀ 圖 11 手機版進入附帶的文字頻道

特性 3：可使用活動功能

語音頻道還有另外一個強大的功能，就是能夠與其他社群成員在 Discord 一起玩小遊戲或看 YouTube 影片。

Discord 目前提供了超過 10 種的小遊戲，每一種遊戲能夠參與一起遊玩的人數都不太一樣。有卡牌類的 UNO、德州撲克，有棋類的跳棋、西洋棋，也有像是你畫我猜以及共享白板可以讓大家在上面一起塗塗寫寫。未來應該會加入更多類型的小遊戲。

讓大家能夠一起看 YouTube 的活動叫做「Watch Together（一起看）」，厲害的地方在於不需要分享自己的螢幕就可以與朋友或是其他社群成員一起同步觀看 YouTube 影片。主持人可以在觀看影片時調整影片的時間軸，時間軸會同步反映在所有一起觀看的成員畫面上，因此可以讓參與者在線上同步觀看 YouTube 影片，而且還可以開放大家一起編輯影片播放清單。其操作介面如下（圖 12）：

1. 是否開放編輯播放清單：主持人能夠切換是否讓所有參與者一起添加想要觀看的影片到播放清單中。

2. 選擇主持人：主持人可以指定社群成員成為主持人。

3. 影片播放清單：可預覽及管理現有的影片播放清單。

4. 搜尋影片：右上角的搜尋欄位可以直接使用 YouTube 的頁面搜尋影片，點擊搜尋後跳出的影片即可加入左側的「影片播放清單」。

5. 其他社群成員：目前在同一個語音頻道中的其他社群成員的清單。

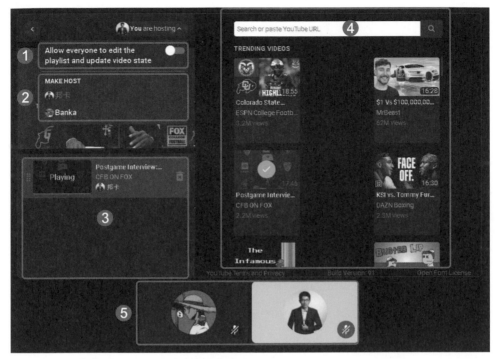

▲ 圖 12 一起觀看 YouTube 影片的操作介面

特性 4：可設定使用者人數上限

　　語音頻道能夠設定最少 1 位、最多 99 位或是沒有人數上限的限制。如果設定了人數限制，譬如上限為 3 位的話，一旦這個語音頻道有 3 個人加入以後，其他成員就無法再加入該語音頻道，除非有人離開、把位子空出來才能再加入。

論壇（Forum）頻道

特性 1：具有所有文字頻道的特性

　　論壇頻道可以說是文字頻道的特化版本，所以擁有所有文字頻道的特性。

特性 2：以論壇的形式呈現

論壇頻道的每一篇文章都是以一個「討論串」的型式呈現，概念就跟 Dcard、PTT、巴哈姆特之類的論壇形式類似。這跟文字頻道的「討論串」概念也相通，只是文字頻道討論串在顯示上比較不明顯，甚至可以說是有點隱密；論壇頻道則完全解決了文字頻道討論串的問題。

在創建一個新的論壇頻道時，需要再完成啟用步驟才能完成論壇頻道的設定。

- 步驟 1 設定建議的權限：設定能夠看見這個頻道的身分組（第 15 章有身分組的介紹）。

- 步驟 2 建立貼文指南：寫一些關於這個頻道的介紹或是注意事項，寫的內容會出現在頻道右邊的欄位。

- 步驟 3 建立標籤：相當於是子主題的概念，能夠幫助論壇內的文章做分類。管理員能夠設定發文時是否一定要選擇標籤，也能夠設定某些標籤只有版主可使用。

- 步驟 4 設定貼文預設反應：設定預設會在每則貼文出現的表情符號。不過其他使用者依然可以點擊其他的表情符號來做為反應。

- 步驟 5 張貼第一則貼文：接著就可以在論壇頻道發佈貼文了。

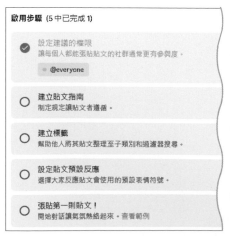

◀ 圖 13 論壇頻道啟用步驟

在檢視論壇頻道時可以透過「排序與檢視」來調整頻道內的資訊呈現形式。電腦版與手機版都能夠在論壇頻道的左上方找到「排序與檢視」的按鈕。

▲ 圖 14 「排序與檢視」
按鈕

排序方式有「最近使用」和「張貼日期」兩種。「最近使用」會依照討論串最後一則回覆的時間來排序,有最新回覆的討論串會被排在最上方;「張貼日期」則是依照討論串的發佈時間做排序,最新發佈的討論串會被排在最上方。

檢視方式有「清單」和「資源庫」兩種。清單的形式是讓所有討論串變成長條型,能夠看到第一篇貼文部分的文字預覽,如果有圖片的話則會縮小呈現在最右邊。

▲ 圖 15 「清單」檢視方式

資源庫的形式是讓所有討論串變成方塊狀,如果是純文字的討論串,能夠看到比清單形式更多的文字預覽;如果是有圖片的討論串,就會是大張圖片的預覽。

▲ 圖 16 「資源庫」檢視方式

特性 3：討論串可以有標籤屬性

在論壇的啟用步驟 3 有提到「建立標籤」。如果在論壇頻道中有設定標籤的話，使用者就能透過篩選標籤的方式來瀏覽相關的討論串。電腦版的標籤會呈現在論壇頻道的上方，手機版則是需要點擊論壇頻道右上方的標籤按鈕才能瀏覽所有標籤。

▲ 圖 17 手機版標籤

▲ 圖 18 電腦版標籤

特性 1：具有所有文字頻道的特性

公告頻道可以說是文字頻道的特化版本，所以擁有所有文字頻道的特性。

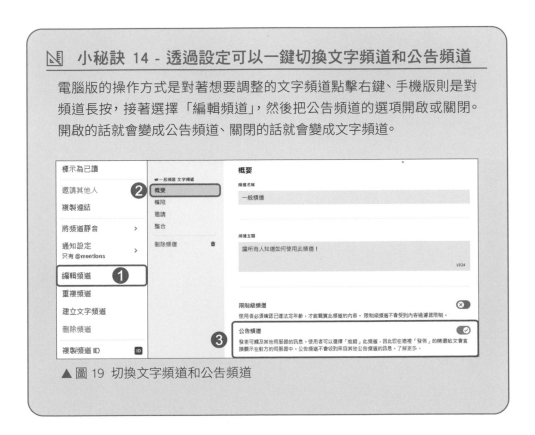

▲ 圖 19 切換文字頻道和公告頻道

特性 2：提供追蹤功能

使用者在開啟公告頻道的時候，可以看到下方有「追蹤」按鈕。點擊這個按鈕以後就能夠訂閱這個公告頻道後續發佈的分享訊息。

▲ 圖 20 追蹤按鈕

點選追蹤後，會跳出一個「新增此頻道的更新至您的伺服器！」選單，可以設定後續要收到此公告訊息的伺服器及頻道。需要至少擁有一個伺服器的管理權限才能設定這個追蹤功能。

小秘訣 15 - 編輯已追蹤的頻道

透過公告頻道的追蹤功能，可以把多個公告頻道的訊息都設定發佈在同一個頻道。如果想要修改某個公告頻道發佈的訊息，或是想要取消追蹤，可以先切換到該伺服器的「伺服器設定」，接著開啟「整合」選項，然後找到「已追蹤的頻道」就可以進行修改。

▲ 圖 21 編輯已追蹤的頻道

特性 3：一般成員通常無法在此發言

公告頻道一般會把「@everyone 的發送訊息」權限關閉（權限會在第 16 章說明），因此社群成員無法在公告頻道發言。當然也可以設定把這個權

限開啟，不過既然是「公告」頻道，那麼通常都是由伺服器的管理團隊或是版主發佈一些比較重要的訊息，不適合讓一般社群成員發言。

舞台（Stage）頻道

特性 1：分成舞台上與舞台下兩個區域

舞台頻道可以說是語音頻道的特化版本。不同於語音頻道只有一個空間，舞台頻道會區分為舞台上（後續簡稱為台上）與舞台下（後續簡稱為台下）。在台上的人才能發言，通常會是伺服器管理員、版主，一般成員需要受到邀請才能到台上；在台下的人只能夠收聽，無法進行發言。一般會稱台下的為聽眾。

台下的人可以透過舉手的功能來請求發言，這時候台上的人可以看到台下有舉手的人，並且可以選擇要邀請讓哪些人到台上來。

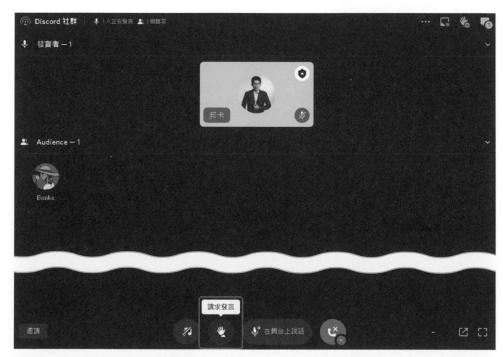

▲ 圖 22 台下可以舉手請求發言

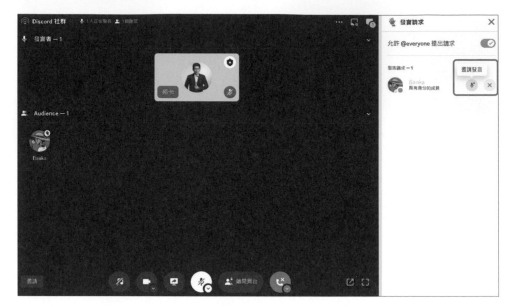

▲ 圖 23 台上可以使用「邀請發言」，讓台下舉手的成員上台發言

特性 2：舞台上需要管理員才能開啟

　　舞台頻道與其他功能頻道最大的不同，在於只有管理員或是版主才能夠開啟台上的空間。平時沒有開啟的情況下，只有台下的區域，不過因為台下無法發言，因此除了提早到舞台頻道卡位的功能之外，就沒有其他用途了。

　　要開啟舞台的話，只需要到舞台頻道點選「開啟舞台」，然後輸入「舞台主題」就可以開啟一場舞台活動。同時在伺服器內左側頻道列表的最上方也會顯示「現正直播中」的舞台活動資訊，讓伺服器的成員能夠注意到現在舞台頻道有活動。

▲ 圖 24 開啟舞台

◀ 圖 25 若是伺服器有正在直播的舞台，在頻道名稱下方會顯示「現正直播中」的資訊，同時也有「成為聽眾」的按鈕可以直接移動到該舞台頻道

在舞台上的管理員有 8 種動作可以操作（圖 26、27），分別是：

1. 邀請：可以邀請其他 Discord 好友加入目前所在的舞台頻道，或是發送伺服器邀請連結讓未加入伺服器的人能夠加入並前往舞台頻道。

2. 將音樂靜音／解除靜音（手機版暫無此功能）：個人可以聽到的背景音樂，解除或開啟不會影響到其他參與的社群成員。

3. 開啟相機：可以對整個舞台頻道開啟視訊鏡頭。

頻
道

4. 分享您的螢幕：可以對整個舞台頻道分享自己的螢幕畫面。

5. 靜音／解除靜音：關閉或開啟自己的麥克風。

6. 離開舞台：從台上離開轉往台下成為聽眾。

7. 悄悄中斷連線：點擊以後又會有兩個選項，一個是「不，我只想悄悄中斷連線」，那麼只有自己會離開舞台頻道；如果選擇的是「中斷連線並結束」，那整個台上的區域將會被關閉，自己也會離開舞台頻道。

8. 顯示請求：可以瀏覽現在有哪些台下的聽眾提出發言請求，可以選擇「邀請發言」讓這位成員上台發言，也可以選擇「關閉」來拒絕發言請求。

9. 顯示聊天：開啟此舞台頻道附屬的文字頻道。

▲ 圖 26 電腦版舞台上可操作的動作

▲ 圖 27 手機版舞台上可操作的動作

特性 3：內建文字溝通頻道

和語音頻道相同，舞台頻道也有附帶的文字頻道，台上和台下的成員都可以使用，可以讓無法發話的台下成員在裡面用文字交流、討論。

特性 4：可設定使用者人數上限

如果是單純使用語音功能的話，舞台頻道能夠設定最少 9 位、最多 10,000 位或是沒有人數上限的限制。如果設定了人數限制，譬如 9 位的話，一旦這個舞台頻道有 9 個人加入，其他的社群成員就無法再加入該舞台頻道，除非有人離開把位子空出來才能再加入。

如果要使用視訊或是分享螢幕功能的話，舞台頻道有不一樣的人數限制：

舞台上的發言者限制：

● 使用螢幕分享功能：最多 1 人。

● 使用視訊功能：最多 5 人

舞台下的聽眾限制：

● 沒有伺服器加成：最多 50 人

● 伺服器加成等級 2：最多 150 人

● 伺服器加成等級 3：最多 300 人

因此當台上的發言者想要開啟視訊或螢幕分享功能時，如果台下的聽眾人數超過開啟後的人數上限，就會無法開啟，必須將人數減至上限以下才能在舞台頻道中使用視訊或是螢幕分享。

特殊功能頻道

除了上述介紹的 5 種功能型頻道之外，Discord 還有提供其他功能特殊的頻道。這些頻道大部分都需要透過調整設定才能生效，無法直接創建。

以下 2 種特殊頻道，打開「伺服器設定」後，可以在伺服器名稱下方的「概要」做設定。

不活躍頻道

伺服器可以設定「不活躍時限」，語音頻道的成員如果持續沒有活動，在超過設定的不活躍期限後，就會自動被移動至指定的語音頻道並靜音。因為這樣的成員可能只是在掛網（使用者本身已經不在電腦前面），這樣

的設置可以避免其佔用有人數限制的語音頻道。管理員可以自行決定不活躍時限的時間長度，範圍在 1 分鐘到 1 小時之間，總共有 5 種時間長度可以選擇。

系統訊息頻道

設定此頻道前需要先創建一個文字頻道，可以設定 4 種不同的系統訊息是否要發送到系統訊息頻道，分別是：

● 有人加入此伺服器時，傳送隨機的歡迎訊息。

● 提示成員們用貼圖來回覆歡迎訊息。

● 有人加成此伺服器時，傳送一則訊息。

● 傳送有關伺服器設定的實用提示。

▲ 圖 28 伺服器概要畫面

以下 3 種特殊頻道，需要開啟「社群伺服器」的功能以後才可以設置。關於如何啟用社群伺服器可以參考 13-2 節。在設定特殊頻道前需要先創立頻道，打開「伺服器設定」後，可以在社群類別的「概要」做設定，再把選項指向指定的頻道即可完成，設定後的頻道將具有特殊頻道的功能。

規則頻道

這個頻道預設會出現在伺服器左側頻道列表的最上方，小圖示是一本書，能夠撰寫一些關於此伺服器的守則、準則或是給一些新成員的使用指引等等。

社群更新頻道

Discord 官方會不定期的推播和社群管理員及版主有關的更新與資訊，自動出現在這個頻道。建議將此頻道的權限設定為只有管理員和版主能夠瀏覽。

安全通知頻道

與社群更新頻道類似，不過推播的訊息類型不同，是關於與伺服器有關的安全更新。建議將此頻道的權限設定為只有管理員和版主能夠瀏覽。

限制級頻道

每個頻道都可以打開限制級頻道的開關使其成為限制級頻道，限制級頻道內的內容將不會受到 Discord 內容過濾器的限制。若是非限制級頻道，Discord 一旦偵測到嫌惡內容就會自動刪除。

電腦版的設定方式是對著欲設定的頻道名稱點擊右鍵，手機版則是長按欲設定的頻道名稱，接著在「概要」的地方找到「限制級頻道」的開關，將其開啟即可。

▲圖 29 社群概要畫面

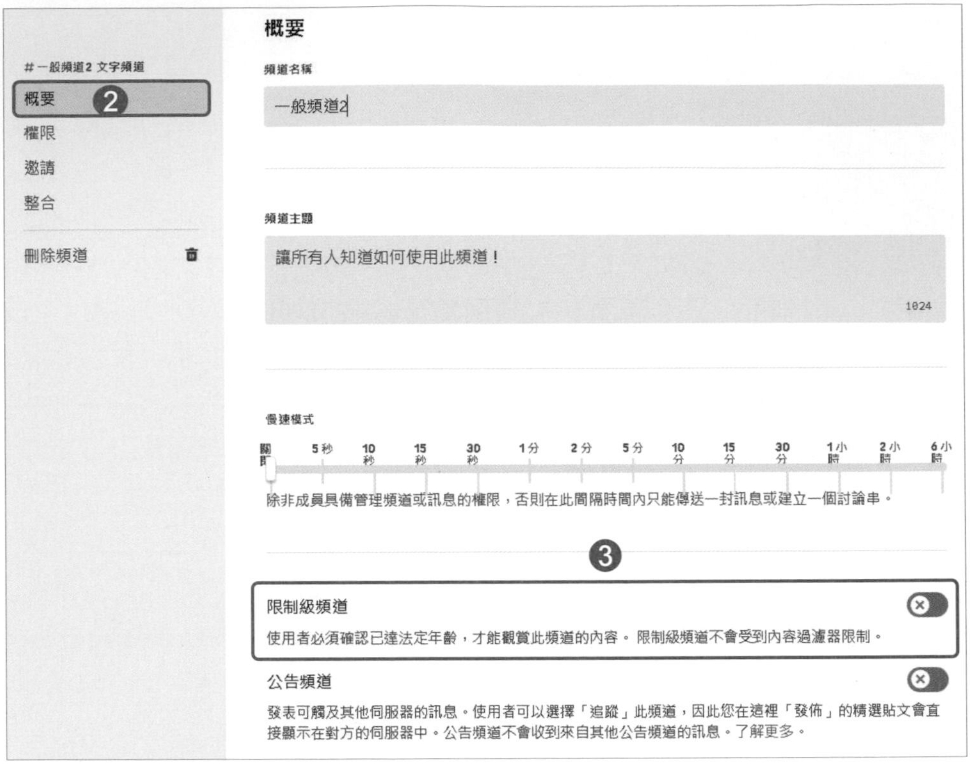

概要

頻道名稱

一般頻道2

頻道主題

讓所有人知道如何使用此頻道！

1024

慢速模式

| 關閉 | 5秒 | 10秒 | 15秒 | 30秒 | 1分 | 2分 | 5分 | 10分 | 15分 | 30分 | 1小時 | 2小時 | 6小時 |

除非成員具備管理頻道或訊息的權限，否則在此間隔時間內只能傳送一封訊息或建立一個討論串。

限制級頻道

使用者必須確認已達法定年齡，才能觀賞此頻道的內容。限制級頻道不會受到內容過濾器限制。

公告頻道

發表可觸及其他伺服器的訊息。使用者可以選擇「追蹤」此頻道，因此您在這裡「發佈」的精選貼文會直接顯示在對方的伺服器中。公告頻道不會收到來自其他公告頻道的訊息。了解更多。

▲ 圖 30 限制級頻道設定

14-3 頻道設置守則

這個章節會分享一些在頻道設置上能夠注意的小細節。由於 Discord 伺服器的可客製化彈性非常高，因此這些守則也是僅供參考。隨著時間、成員的變化，很多伺服器都會衍生出屬於自己的獨特文化或習慣，因此在設置上並沒有所謂的標準。

守則 1：設置新手指引

對於一個新加入的成員來說，首先需要了解：

1. 伺服器的重要規則：譬如說禁止的行為與允許的行為的說明。

2. 關於各種頻道的功能：有些頻道可能單獨看名稱也不一定能夠馬上瞭解實際的討論內容及功能，如果有需要額外說明的話也可放置在新手指引。

3. 身分組代表的意思及取得的方式：伺服器中每個身分組的取得方式可能都不盡相同，如果是新成員提前知道會有幫助的部分，建議也可以在新手指引額外說明。

有了這些基本的資訊以後，新成員可以加快熟悉整個伺服器，剩下的就透過在伺服器裡摸索或是與其他成員互動來學習。

守則 2：善用頻道類型

本章介紹了 5 大類型的頻道以及 6 種特殊功能頻道，善用這些頻道類型的特性能夠達到事半功倍的效果。有些頻道的功能是無法用其他頻道來替代的，譬如公告頻道的追蹤功能可以更好的傳散重要訊息，這點就是文字頻道沒辦法替代的。

守則 3：善用類別

類別除了可以分類之外，還可以用來收合頻道。因此盡可能把性質相近的頻道都擺在同一個類別之下，除了排版好看之外，也能夠方便成員查找頻道，管理員與版主也會更方便管理。

守則 4：清楚定位頻道

每個頻道在伺服器裡面一定有各自負責的主題、功能與定位，盡量避免同時有幾個曖昧不明、容易讓成員混淆的頻道存在，這樣能夠讓類似主題的討論更集中。

守則 5：動態調整

社群是為了讓人們更好交流而存在的場所，人和社群都是動態的，隨時都會有新的想法或是建議，伺服器的使用應該依循社群成員提供的意見來不斷的調整。因此適時的聆聽社群的意見來調整伺服器的頻道配置也是必要的。

15 身分組

上一章介紹的「頻道」系統，可以說是 Discord 在使用面上與其他通訊軟體最大的區別。接下來介紹的「身分組」系統，則是在成員管理上與其他通訊軟體最大的區別。

「身分組」是 Discord 伺服器的成員識別系統，每個 Discord 伺服器最多可以設置 250 個身分組。每個身分組都是一種不同的角色，以商店會員的概念來比喻的話，店家可能會依照消費者的消費金額將其分成一般會員、高級會員、VIP 會員等不同的等級。要依據什麼條件來區分成不同的身分組，完全取決於伺服器管理者的想法。身分組依據獲得的方式可以再細分成不同的身分組類型，這個我們會在 15 - 3 展開說明。

15-1 如何建立身分組

電腦版操作

伺服器管理員在電腦版點擊 Discord 伺服器內位於左上角的「伺服器名稱」，在跳出的選單中選擇「伺服器設定」，接著在左側選單點選「身分組」，再點擊右側的「建立身分組」，即完成建立全新身分組。不過內容在設定之前都是系統預設的。

▲ 圖 1 電腦版身分組設定

手機版操作

手機版點擊 Discord 伺服器內位於左上角的「伺服器名稱」，接著點擊跳出選單的「設定」，然後在下一個選單的下方找到「身分組」，再點擊「建立身分組」即完成建立。細部設定會在 15 - 3 做詳細說明。

手機版在建立身分組的流程上特別做了改善。每個身分組在最初創建時，系統會提供 3 個步驟幫助使用者快速設定：

● 步驟 1：命名身分組名稱、挑選身分組顏色，按下「建立」就完成身分組的創建。後續的內容可以之後再做設定，也可以隨時修改。

● 步驟 2：設定權限。在本書撰寫的當下，一共有 48 種身分組權限可以調整，不過這個步驟系統將其簡化成 4 種類型，根據權限由小到大分別是：美化、成員、版主、管理員，可以快速的套用其中一種。系統會依據不同的類型給予不同的權限，權限可以在日後隨時修改。

▲ 圖 2 手機版身分組設定

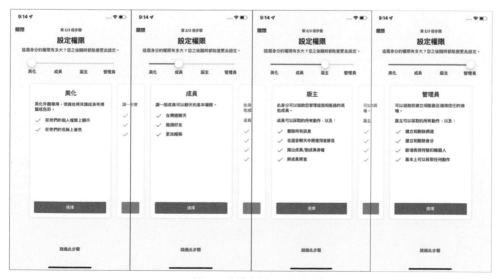

▲ 圖 3 手機版身分組類型

● 步驟 3：新增成員。這一個步驟可以選擇要賦予哪些成員此身分組，
  也可以在日後隨時添加或移除成員。

15-2 身分組設定及特性

身分組的設定，以電腦版的設定介面來看，可以分成 5 大類：

1. 優先級：這是最容易被新手忽略的部分。身分組的排序是藏有玄機的，越上方的身分組代表擁有越高的優先級，概念就跟公司裡的階級制度一樣，老闆有權決定下屬的人事調派，但是下屬無法決定老闆的人事調派，除此之外還有其他很多層面的影響。說是身分組中最重要的屬性也不為過。

2. 顯示：關於身分組的外觀設定都在這一欄，包含最基礎的顏色、身分圖示，以及是否要獨立顯示於伺服器右側的成員列表。

3. 權限：一共有 48 項關於身分組的權限可以設定，每個身分組都可以各自獨立設定權限。乍看之下數量似乎很多，但實際依據性質可以分成 7 大類，這部分本書會在第 16 章一一進行說明。

4. 連結：可以設定「已連結身分組」，這是由系統自動將身分組賦予給符合資格的成員的身分組類型，在 15 - 3 有詳細說明。

5. 管理成員：能夠新增及移除成員的身分組。

▲ 圖 4 身分組設定

身分組優先級

可以透過拖曳身分組，移動排列的順序，藉此改變優先級。優先級的高低會影響到「管理權限範圍」、「身分組顯示順序」及「顯示的身分組顏色」。

管理權限範圍

伺服器的成員只能對身分組的優先級比自己低的成員做出處置。舉例來說，一個群組裡面有 3 個身分組，優先級排列順序由高到低分別是「VIP 會員」、「版主」、「一般會員」；「版主」優先級高於「一般會員」，因此可以對在伺服器內違規的「一般會員」行使像是禁言、踢除等等的處置；但是因為「版主」優先級低於「VIP 會員」，所以「VIP 會員」違規時，「版主」會因為沒有足夠的優先級而無法對「VIP 會員」行使像是禁言、踢除等等的處置。這時候如果伺服器管理員希望「版主」也能夠約束「VIP 會員」的話，就需要把「版主」這個身分組的優先級提升到高於「VIP 會員」身分組才行。

「身分組顯示順序」及「顯示的身分組顏色」

如果一個成員擁有複數身分組，身分組的顯示順序和顏色都會以較高優先級的身分組為主。詳細內容會在下一段身分組顯示中說明。

身分組顯示

「顯示」欄位的設定都會影響到 Discord 伺服器右側成員列表的顯示。

1. 身分組名稱：名稱可以重複，也可以隨時修改。

2. 身分組顏色：會影響成員在伺服器內的暱稱顯示顏色。如果一個成員同時擁有多個身分組，則會顯示優先級最高身分組的顏色。

3. 身分圖示：需要伺服器加成等級 2 才能解鎖（伺服器加成可以翻閱 11-2），能夠在身分組名稱的前面加上一個小圖示。

4. 將身分組成員與線上成員分開顯示：預設是關閉的。如果整個伺服器都沒有任何身分組開啟「分開顯示」，那麼伺服器右側成員列表只會顯示「上線」和「離線」兩種狀態。如果將「分開顯示」開啟，則右側成員列表就會單獨顯示這個身分組的成員列表；如果有多個身分組都開啟「分開顯示」，那麼就會依照身分組的優先級來顯示，越高優先級的身分組會顯示在越上方的位置，就越容易被伺服器的成員看見。

5. 允許任何人 @mention 這個身分組：是否要讓一般成員都可以在頻道中提及這個身分組。提及的方式是在訊息欄輸入「@」

▲ 圖 5 身分組顯示設定

加上身分組名稱（更多關於 Discord 的輸入語法可以翻閱 8-3）

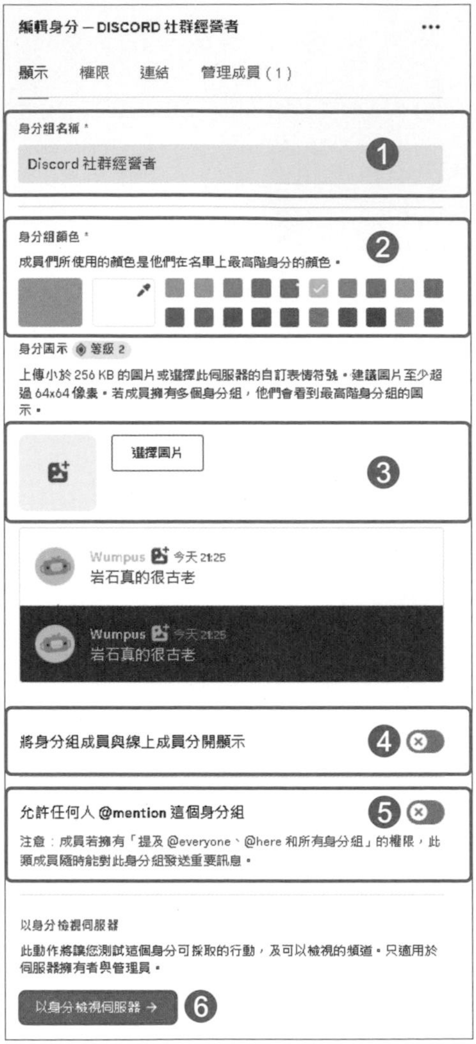

6. 以身分檢視伺服器：能夠切換成特定身分組的視角來檢視整個伺服器，對於設計不同身分組的使用體驗很有幫助。

小秘訣 16 - 如何讓同一身分組的成員擁有不一樣顏色
的暱稱

通常的情況，在伺服器右側顯示的成員列表，同一個身分組都會是一樣
的顏色。但是透過「身分組優先度」和「將身分組成員與線上成員分開
顯示」的設定，就可以讓同一個身分組的成員擁有不一樣顏色的暱稱。

▲圖 6 「管理員」身分組的層級更高且顏色不同，但關閉了「將身分組成員
與線上成員分開顯示」選項，因此只會呈現出顏色，不會出現身分組名稱

暱稱的顏色是根據該成員所擁有的最高「身分組優先度」而定，但是必
須要開啟「將身分組成員與線上成員分開顯示」的選項，身分組名稱才
會出現在伺服器右側成員列表。因此當某個成員同時擁有「優先級較高
但是關閉了分開顯示選項的 A 身分組」以及「優先級較低但是開啟了分
開顯示選項的 B 身分組」時，這個成員的暱稱就會出現在右側成員列表
的 B 身分組，同時顯示的是 A 身分組的顏色。

15-3 身分組類型介紹

一般身分組

不是用身分組「連結」建立的都屬於一般身分組，可以手動賦予或移
除，也能夠透過 Discord 的培訓功能（15 - 4 會介紹）讓成員自行選擇或移
除想要的身分組。

已連結身分組

　　設定身分組「連結」欄位就可以建立這類身分組。這種身分組無法手動賦予或移除，只能透過 Discord 系統來判定會員當下的狀態是否符合設定的需求，自動設置身分組。

如何設定「已連結身分組」？

　　在「伺服器設定」開啟「身分組」設定，然後找到「連結」欄位，接著點選「新增需求」，就可以添加取得此連結身分組的條件。需要特別注意的是，只有在身分組還沒有任何成員的時候，才能變更為「已連結身分組」。換句話說，已經有成員的身分組，無法直接變更為「已連結身分組」。

▲ 圖 7　為身分組新增連結需求

　　目前 Discord 一共支援 20 種第三方平台。隨著不斷更新，後續應該會支援更多平台。

▲ 圖 8 支援的第三方平台一覽

　　每個身分組都可以設定無數個連結需求。可以設定「至少滿足一個連結就能取得身分組」，或是「滿足全部的連結條件才能取得身分組」。如果要設定很多連結需求的話，建議把這些連結條件分散到不同的身分組，否則太多連結需求都集中在同個身分組上，反而失去了識別的功能。

　　每種平台可以設定的需求都不太相同。有些比較單純，只能驗證成員是否有連接帳號，譬如像是 YouTube。

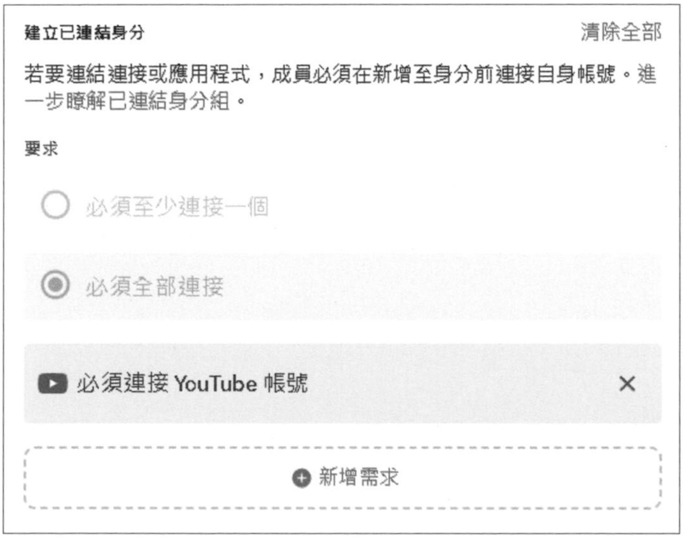

▲ 圖 9 YouTube 設定示意

有些平台則是可以設定多項需求。譬如 X（過去稱為 Twitter）除了是否有連接帳號之外，還有額外的 4 種需求可以設定，包含「帳號年齡」、「追蹤者」、「推文」、「已驗證」。

▲ 圖 10 X 設定示意

Discord 的特色之一就是可以利用身分組達到伺服器內部分眾的效果。早期只能透過手動設定或是第三方應用程式的輔助，才能夠識別來自外部的分眾條件；現在透過「已連結身分組」與「連接」功能的結合，就能自動識別使用者當下的狀態是否滿足已連結身分組所設定的需求，讓已連結身分組更具有識別度和公信力。

如何取得「已連結身分組」?

有設定已連結身分組的伺服器,在點擊伺服器名稱以後,會看到一個額外的「已連結身分組」選項。成員可以點擊這個選項,查看伺服器裡面有哪些已連結身分組可以驗證,接著再點擊想要取得的已連結身分組,即可讓系統進行驗證。通過驗證者將會自動獲得身分組。

▲ 圖 11　查看已連結身分組

📝　**小秘訣 17 - 如何為 YouTube / Twitch 頻道訂閱會員**
　　　　設定專屬身分組

如果你正在經營一個 YouTube / Twitch 頻道,而且也已經開通了頻道訂閱的功能 (也就是觀眾/粉絲可以每個月支付月費成為訂閱者),那麼你就可以使用已連結身分組的形式,讓訂閱者在加入你的伺服器時獲得專屬的身分組。不過前提是這些訂閱者要將自己的 Discord 帳號與 YouTube / Twitch 帳號做連結 (連結方式可以翻閱 5 - 6)。

首先點擊左上角的伺服器名稱,接著選擇「伺服器設定」,然後點選「整合」,可以分別看到連接 YouTube / Twitch 的選項。

NEXT

▲ 圖 12 連接 YouTube / Twitch

點擊後依照系統指示，會需要先登入到 YouTube / Twitch 帳號確定你是頻道的擁有者，最後給予授權就能夠完成連接了。

如果你的 YouTube / Twitch 頻道並沒有開通頻道訂閱的功能，完成連接後就不會看到下一個設定畫面。如果有開通頻道訂閱，接下來就會進到設定訂閱者專屬身分組的畫面。

YouTube / Twitch 的設定介面都是相同的，這裡以 YouTube 為例。

1. 點擊「YouTube Member」會跳到伺服器設定中的身分組設定畫面（參閱 15-2），能夠針對這些專屬身分組做設定。

2. 點擊「同步」可以立即手動更新伺服器內的狀態，讓有訂閱的成員自動獲得專屬的身分組。

3. 可以設定擁有專屬身分組的成員，在訂閱到期後的處置方式。有 2 種方式，第 1 種是移除專屬身分組、第 2 種是從 Discord 伺服器中踢除。

NEXT

4. 這是「寬限期」的設置。如果成員沒有維持訂閱，會在指定天數後做出第 3 點所設置的處置。可以設定的時間有 1 天、3 天、7 天、14 天、30 天。

▲ 圖 13 訂閱身分組管理介面

整合身分組

在邀請第三方應用程式（機器人）加入伺服器以後（關於如何邀請會在第 18 章說明），系統也會針對機器人建立一個身分組。這種身分組無法手動指派給任何其他成員，也不能移除，只有在將機器人從伺服器踢除後才會自動消失。

15-4 身分組管理

在 15 - 3 介紹了 3 種不同類型的身分組,其中「一般身分組」可以透過手動和成員自助的方式來取得或移除,而「已連結身分組」和「整合身分組」都是系統分配的。

如何手動賦予／移除成員身分組

方式 1:在身分組設定做批量調整

在電腦版點擊 Discord 伺服器內位於左上角的「伺服器名稱」,在跳出的選單中選擇「伺服器設定」,接著在左側選單選擇要編輯的「身分組」,移動到「管理成員」的那一欄,就可以點擊「新增成員」來新增、點擊成員暱稱右手邊的叉叉按鈕來移除。

◀ 圖 14 電腦版設定

在手機版點擊 Discord 伺服器內位於左上角的「伺服器名稱」，在跳出的選單中選擇「設定」，接著下滑設定選單找到「身分組」，選擇要編輯的「身分組」，再點擊下方的「成員」，就可以點擊「新增成員」來新增、點擊成員暱稱右手邊的叉叉按鈕來移除。

▲ 圖 15 手機版設定

方式 2：在伺服器列表或頻道中對單一成員進行調整

在電腦版對著伺服器右側成員列表的成員暱稱或是在頻道中發言成員的暱稱點擊右鍵，在跳出的選單中選擇「身分組」，就可以勾選或移除該成員的身分組。

▲ 圖 16　電腦版設定 (1)

另外一種方式是對著伺服器右側成員列表的成員暱稱或是在頻道中發言成員的暱稱點擊左鍵，開啟該成員的個人資訊後，在身分組的欄位直接點 + 號添加身分組，或是將滑鼠移動到已經有的身分組名稱的色塊上，點擊叉叉來移除身分組。

◀ 圖 17　電腦版設定 (2)

在手機版點擊伺服器的成員列表的成員暱稱，或是點擊在頻道中發言的成員頭像，接著在跳出的選單中選擇「管理」，然後選擇「編輯身分組」，即可新增或移除此成員的身分組。

▲ 圖 18 手機版設定

「培訓」功能：讓成員自助取得身分組

「培訓」功能的英文是 Onboarding。以公司來説，每個新人都會經過入職（Onboarding）的手續，好讓新人對於公司的一些基本規則有些認識。Discord 的培訓就是一個讓新成員能夠更快融入伺服器的功能，很多社群管理員都表示培訓功能讓他們 Discord 伺服器的成員留存率有效的提高了。

▲ 圖 19 開啟培訓功能

　　會把培訓放在這個地方說明，是因為它可以透過問問題的方式，讓成員經由回答問題來取得相應的身分組。而且這些問題的答案可以隨時修改，等同於是提供成員自助式的身分組。不過在使用培訓這個功能前，需要先啟用「社群伺服器」(13-2 有詳細說明)。

　　要開啟培訓功能，一共有 5 大步驟需要進行設定。

步驟 1：安全檢查

　　在啟用「社群伺服器」的步驟中已經開啟了大部分的安全設定 (詳細的安全設定說明請翻閱 13-3)，因此這個步驟並沒有強制的調整。不過如果能夠把系統建議的全部選項啟用，可以大大的提高你的 Discord 伺服器的安全性。

▲ 圖 20 步驟 1

步驟 2：預設頻道

　　這個步驟有 2 項前置需求，沒有達到以下條件的話，將會無法繼續下一個步驟：

1. 伺服器至少要有 7 個以上的頻道。

2. 必須要有至少 5 個公開頻道，而且還要能夠讓 @everyone（就是沒有任何身分組的新成員）能夠在這些伺服器傳送訊息。

▲ 圖 21 步驟 2

步驟 3：自訂問題

這個步驟就是能讓成員自助取得身分組的最重要部分，其概念是設定單選題或多選題來對成員提問。成員可以依據其選擇的答案獲得相應的身分組，管理員也可以透過這些問題來對成員有更進一步的認識。

每道題目的答案最多可以設定 50 組，可以設定是否複選以及是否為必填，每個答案都可以再指派複數的頻道或身分組。不過最主要的是身分組的部分，因為身分組可以伴隨著不同權限的設定（權限會在第 16 章說明），而影響到成員可以瀏覽的頻道以及其它可在伺服器中執行的行為。

▲ 圖 22 步驟 3 問題設定

　　問題一共分成兩大類，一類是「加入前必答問題」、另一類是「加入後必答問題」。在培訓的「一般模式」設定下，其實兩大類問題都不會強制要求成員填答；只有調整到「進階模式」設定後，「加入前必答問題」才會強制所有新加入的成員都要先填答才能進到伺服器，而「加入後必答問題」則從始至終都是選填，不會強制成員一定要填答。

　　點擊「切換成進階模式」可以切換成進階模式，點擊「切換成一般模式」則可以再切換回一般模式。

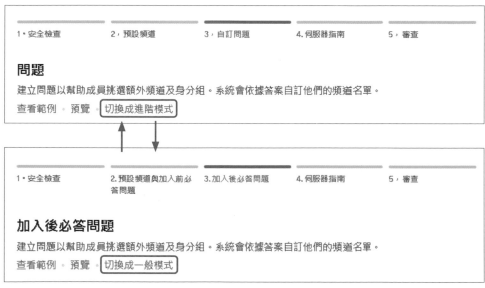

▲ 圖 23 步驟 3 問題類型

步驟 4：伺服器指南

　　這個步驟所設定的內容，是成員回答完步驟 3 的所有問題以後，會接著跳出的內容。主要包含 3 個部分：

1. 歡迎畫面：給新成員的一段話。

2. 新成員必做事項：給新成員的任務。

3. 資源頁面：更多要給新成員知道的資訊和內容都可以寫在這裡。

歡迎畫面

讓新成員知道您的社群有什麼特別之處，以及您為什麼很期待見到他們！

設定歡迎畫面 ❶

新成員必做事項

為新成員安排 3-5 項任務，鼓勵他們在您的頻道聊天和互動。

該避免的行為：不夠明確

✕ 　**與社群聊天**
在 #general 中

\# 　**和大家打聲招呼**
在 #一般頻道 中 　✏️

☑ 　**閱讀規則**

⊕ 新增任務 ❷

資源頁面

將唯讀頻道變成伺服器指南中的酷炫資源頁面。除非啟用「所有頻道」，否則這些頁面不會再出現在頻道名單上。資源還附帶了一些福利：

- 成員會從頁面頂端開始閱讀，而非從訊息討論串底部
- 移除聊天室和頭像，讓版面看起來更簡潔
- 所有內容、嵌入內容、媒體和格式都維持不變

⊕ 新增資源 ❸

← 上一頁 　　　　　　　　　　下一頁 →

▲ 圖 24 步驟 4

歡迎畫面的部分，可以設定訊息的作者以及訊息內容。

▲ 圖 25 歡迎畫面設定，歡迎訊息的範例是 Discord 官方所
提供

新成員必做事項的部分，需要安排至少 3 個不同的任務給新成員。這些
任務的用途在於幫助新成員更了解這個伺服器以及與其他成員展開互動，
所以可以要求他們瀏覽一些有重要資訊的頻道，或是引導他們到自我介紹
的頻道去說說話之類的。任務主要包含 3 個部分：

1. 新成員該完成什麼任務：也就是任務名稱和描述，需要包含至少 7 個
字元。

2. 他們該在哪裡完成任務：也就是新成員應造訪的頻道。

3. 達成以下條件可完成此任務：有 2 種完成任務的方式，造訪頻道或是在頻道傳送訊息。

▲ 圖 26 任務畫面設定

　　資源頁面的部分，可以選擇已存在的只供瀏覽的頻道（關閉其他人發送訊息的功能），這個頻道將會轉換為資源頻道／資源頁面，可以撰寫更多重要資訊或是參考資料在此頻道。資源頻道有以下 3 點的特性：

1. 成員會從頁面頂端開始閱讀，而非從訊息討論串底部。

2. 移除聊天室和頭像，讓版面看起來更簡潔。

3. 所有內容、嵌入內容、媒體和格式都維持不變。

編輯資源　　　　　　　　　　　　　　　　　　　✕

1. 選擇一個資源頻道 *

選擇　　　　　　　　　　　　　　　　　　　　⌄

您只能選擇 @everyone 都僅能讀取的頻道。

2. 為此資源命名 *

#rules 可能指的是規則

3. 提供此資源的描述

例如：伺服器的規則

200

4. 上傳自訂縮圖
最小尺寸為 72 x 72、長寬比 1:1、PNG、JPG

⬆

取消　　儲存

▲ 圖 27　資源頁面

步驟 5：審查

　　完成以上 4 個步驟之後，可以在這裡進行最後的檢查。如果有任何一個選項的設定沒有達到系統的要求，那麼「啟用培訓」的按鈕將會無法點擊。

　　點擊每個選項後方的「編輯」即可回到前面的步驟調整內容，等到所有選項都顯示為綠色的「很好」以後就可以點擊上方的「啟用培訓」按鈕來啟用功能。

1，安全檢查　　　2，預設頻道　　　3，自訂問題　　　4，伺服器指南　　　5，審查

您缺少幾樣東西...
若要啟用培訓，您需符合這些要求。

　預覽　　啟用培訓

#　預設頻道
　　您共須擁有 7 個頻道，且須擁有 5 個新成員可在其中聊天的頻道

！必要　　編輯

**　問題**
　　3 個公開頻道 (共 6 個) 可透過問題和預設頻道來指派。

！警告　　編輯

**　伺服器指南**
　　您必須設定好歡迎訊息，以及至少 3 項必做事項。

！必要　　編輯

▲圖 28 步驟 5

頻道與身分組

　　當完成培訓的 5 個步驟設定並正式啟用後，就可以在伺服器內左側的頻道列表上方看到「頻道與身分組」的選項，在這個選項裡面分成兩個子頁，一是「自訂」、二是「瀏覽頻道」。

　　成員在「自訂」的頁面可以修改之前曾經在「培訓」問題中回答過的答案，也可以填寫後來新增的問題。在這裡修改問題答案後，也會改變自己在伺服器裡擁有的身分組。

　　舉例來說，假設管理員設定了一個問題是詢問成員對於顏色的偏好，每一種顏色都會得到一個對應的身分組，譬如選擇「藍色」可以拿到一個「藍色身分組」，而這個「藍色身分組」有權限進入「藍色頻道」，其他顏色也是一樣有對應的身分組和頻道。那麼成員就可以在「自訂」頁面改變對顏色的偏好這一題的答案，取得不同的身分組和權限。

如何處置伺服器違規成員

要讓伺服器能夠健康茁壯的長大，除了持續的邀請新成員加入之外，維持伺服器的秩序與氣氛、保持成員的活躍，這些也是非常重要的部分。

Discord 提供了社群管理員 3 種違規處置方式，分別是：

● 禁言：使成員暫時無法參與伺服器內的互動，包含無法在文字及論壇頻道發送訊息，也無法在語音或舞台頻道中說話。

● 踢出：將成員逐出伺服器。不過如果對方取得伺服器的邀請連結，就可以再重新加入伺服器中。

● 停權：將成員逐出伺服器，並且該帳號終生無法再加入此伺服器，除非社群管理員到伺服器設定的「被停權者」中將該帳號從名單移除。

在電腦版對著伺服器右側成員列表的成員暱稱或是在頻道中發言成員的暱稱點擊右鍵，在跳出的選單下方可以看到有 3 個紅色的選項，分別就是禁言、踢出與停權。

◀ 圖 29 電腦版處置
伺服器違規成員

在手機版點擊伺服器的成員列表的成員暱稱，或是點擊在頻道中發言的成員頭像，接著在跳出的選單下方會看到 3 個紅色的選項，分別就是禁言、踢出與停權。

▲ 圖 30 手機版處置伺服器違規成員

禁言設定

禁言的效果是成員暫時無法參與伺服器內的任何互動，包含無法在文字及論壇頻道發送訊息，也無法在語音或舞台頻道中說話。

在選擇進行禁言處置的時候，會跳出以下 2 個選項的視窗：

● 期間：最短 60 秒，最長 1 週。

● 原因：此原因一般成員和被禁言的成員本人都無法看到，只有擁有
「檢視審核紀錄」權限的成員（通常都是 MOD 或是管理團隊的成員），
才能夠在伺服器管理的「審核日誌」中看到。

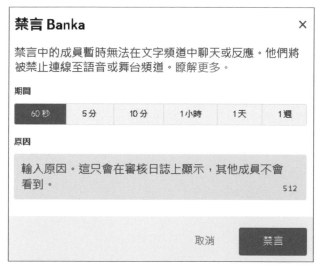

▲圖 31　禁言設定畫面

被禁言的成員本人，會在被禁言的伺服器中看到禁言時間的倒數提示，
直到禁言時間結束後才能如往常在伺服器內互動。

▲圖 32　禁言者看到的畫面

211

踢出設定

踢出的效果是將成員逐出伺服器,被逐出伺服器的成員不會收到任何通知,只會發現自己的伺服器列表突然少了一個伺服器。不過如果這個成員取得伺服器的邀請連結,是可以再次加回伺服器中的。

社群管理員在選擇進行踢出處置的時候,需要填寫踢出的原因。這個原因一般成員和被踢出的成員本人都無法看到,只有擁有「檢視審核紀錄」權限的成員(通常都是 MOD 或是管理團隊的成員),才能夠在伺服器管理的「審核日誌」中看到。

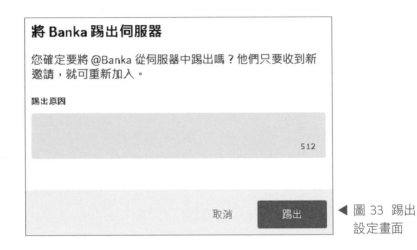

◀ 圖 33 踢出設定畫面

停權設定

停權的效果是將成員逐出伺服器,而且該帳號終生無法再加入此伺服器。被停權的成員不會收到任何通知,只是會發現自己的伺服器列表突然少了一個伺服器。如果這個成員取得伺服器的邀請連結,該邀請連結會顯示邀請無效,該使用者已被此公會停權。

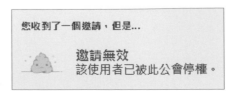

◀ 圖 34 邀請無效畫面

在社群管理員進行停權處置的時候，會跳出以下 2 個選項的視窗：

● 停權原因：這個原因一般成員和被踢出的成員本人都無法看到，只有擁有「檢視審核紀錄」權限的成員（通常都是 MOD 或是管理團隊的成員），才能夠在伺服器管理的「審核日誌」中看到，或是在「被停權者」的清單中看到。

● 刪除歷史訊息：可以選擇是否要將該成員過去在伺服器內所發佈的訊息刪除。回溯的時間最短為過去 1 小時內，最長為過去 7 天內。

▲ 圖 35 停權設定畫面

解除停權設定

被停權的帳號終生都無法再加入此伺服器。不過當初停權的原因可能會消失,或是發現被停權的人其實是無辜的,這時候社群管理員可以到伺服器設定的「被停權者」中將該帳號從停權者名單移除。在名單中選擇被停權者後,可以看到當時此人被停權的原因。如果選擇「撤銷停權」的選項,這個成員就可以再次透過邀請連結加回這個伺服器。

▲ 圖 36 解除停權設定

📝 小秘訣 18 - 如何一鍵清除伺服器中的不活躍會員

這個功能可以一次踢除伺服器中的所有幽靈會員。幽靈會員是指從加入伺服器以後就再也沒有登入 Discord 的會員，此方式可以有效的解決伺服器虛胖的狀態 (就是伺服器明明就有很多成員，可是互動率一直都很低的狀況)。

點擊 Discord 伺服器左側頻道列表的「成員」(在筆者撰寫本章的當下，這個介面只有電腦版才看得到)，在這個選單中可以直接管理整個伺服器的成員。裡面有每個成員的詳細資訊，包含加入伺服器的時間、Discord 帳號的年齡、使用的伺服器邀請代碼、身分組等等。

在「成員」介面的右上角可以看到「精簡」的按鈕。

▲ 圖 37 精簡按鈕

點擊「精簡」以後，可以看到一個「精簡成員」的視窗，這裡面有 2 個選項：

- 最後看到：可以選擇 7 天或 30 天，點擊後系統會自動計算出整個伺服器中 7 天沒有上線或是 30 天沒有上線的人數。

NEXT

- 同時也包含具有這些身分組的成員：這個選項可以選擇要針對哪些身分組進行精簡。舉例來說，如果伺服器中有一個身分組是「客服小幫手」，我想要篩掉「客服小幫手」裡面 7 天沒上線的成員，那這個選項就要選擇「客服小幫手」。另外沒有任何身分組的成員也會自動被算進來。

▲圖 38 精簡設定

15-5 身分組設置守則

守則 1：不要吝嗇於分開顯示

在 15-2 有提到，可以設定將身分組成員與線上成員分開顯示。如果整個伺服器都沒有任何身分組開啟「分開顯示」，那麼伺服器右側成員列表只會顯示「上線」和「離線」兩種狀態，這樣就白白的浪費了列表前端最顯眼的展示空間。可以考慮把伺服器裡具有特別意義的身分組獨立顯示，因為曝光其實也可以當成是一種身分組的特權。

◀ 圖 39 右側成員列表
預設只有「上線」和
「離線」兩種狀態

守則 2：管理員、版主（MOD）留一席之地

　　有些伺服器會選擇讓管理員或是版主（MOD）身分組顯示在右側成員列表的前端，這種做法的好處是讓其他成員能夠一眼就辨識出哪些人是伺服器的管理團隊。對於比較大型的伺服器或是具有商業活動的伺服器來說，能夠快速的識別管理團隊也能夠避免一些不必要的誤會，或是減少詐騙的發生。因為有些不肖份子會假冒管理團隊的人，私訊伺服器的成員進行詐騙。將管理員或是版主（MOD）獨立顯示在成員名單前端，能夠方便成員查核身分，減少這類事情發生的機會。

守則 3：機器人可以不分開顯示

　　伺服器中的機器人，因為功能的需求，往往都會擁有比較高的優先級。有些伺服器管理員會讓這些機器人身分組分開顯示，導致右側成員列表前端的精華位置都被一群機器人佔滿了。這樣就會讓伺服器最顯眼的展示空間無法被充分利用。

▲ 圖 40 右側成員列表前端
的精華位置都被一群機器
人佔滿的狀況

守則 4：辨識型身分組設置最低優先級

有些身分組本身並不會有特別的權限設定（權限會在第 16 章說明），其存在的目的只是為了方便做一些成員屬性的辨識。這種類型的身分組就可以將優先級設為最低。

守則 5：善用空白身分組做管理

一個伺服器最多可以設置 250 個身分組。當身分組數量多起來以後，管理的難度和複雜度也會相應的提高，這時候可以考慮在身分組中間安插一些「空白身分組」。所謂的「空白身分組」，就是本身不具備任何權限設定，也不會賦予任何成員，這種空白身分組可以在大量的身分組中扮演「分隔線」的角色，達到顯目提醒的效果。

雖然伺服器裡面有無數種身分組，但是通常還是能夠用一些比較大的類別來區隔。譬如把所有身分組區分成高級會員與一般會員兩種，雖然兩種會員都包含各種不同的身分組，但只要在中間交界處擺上一個「空白身分組」作為分隔線，就可以一目了然做出區隔。

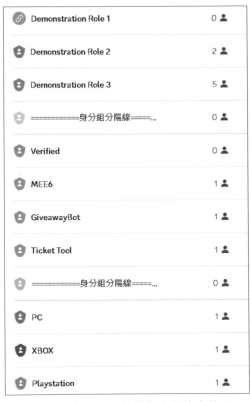

▲ 圖 41 將空白身分組當作分隔線來使用

CHAPTER
16 權限

16-1 了解「權限」

權限是決定社群成員能夠在伺服器內執行何種行為的設定。像是瀏覽頻道、輸入訊息都是行為的一種，每種行為都需要有相對應的權限才可以執行。

Discord 的權限大致上可以分成兩種類型：

1. 「全伺服器」通用權限：這種權限的設定是跟隨身分組的，其適用範圍是整個伺服器。

2. 「類別、頻道」限定權限：每個類別和頻道都可以針對不同的身分組設定不一樣的權限，其適用範圍只限於設定的類別或是頻道。

權限與身分組優先級的關聯

在 15-2 提到，身分組之間有優先級的順序差異。一般來說，如果想要執行的權限會直接影響到其他成員，那就還需要比對方更高級別的身分組（以雙方最高的身分組為比較基準）。

另外，使用者所擁有的權限，會包含身上所有身份組的權限。譬如甲身份組有 A、B 權限、乙身份組有 C、D 權限；如果某成員同時擁有甲、乙身份組，就會擁有 A、B、C、D 這 4 項權限。

部分權限和身分組的關係可能存在一些特例，在使用時如果不確定，建議可以用 15-2 提到的「以身分檢視伺服器」功能來檢查。

📖 小秘訣 19 - 如何透過類別來管理頻道權限

每個「類別」與「頻道」都具有獨立的權限設定。拖曳頻道與類別可以改變伺服器中的位置，把頻道從一個類別移動到另外一個類別的時候，Discord 會跳出一個視窗來詢問「是否要將這個頻道的權限與新類別的權限同步」。

舉例來說，我設立了一個類別叫做「一般」，再將任何一個頻道從其他的類別移動到「一般」這個類別，就會跳出圖 1 這樣的視窗。選擇「同步權限」以後，這個頻道的權限設定就會變得與「一般」這個類別一致了。當然也可以在移動頻道時選擇「維持目前權限」，讓頻道保持原本的權限設定。

將頻道和類別同步權限設定後，未來如果修改類別的權限，就會一併修改所有已同步的頻道。只要善用這樣的機制，僅僅設定類別的權限就可以管理旗下所有頻道的權限。

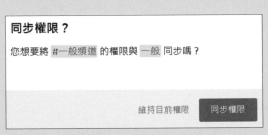

▲ 圖 1 使「頻道」與「類別」同步權限

另外也可以打開頻道的權限設定，看看權限是否已與類別同步。電腦版可以對著欲編輯的頻道點擊右鍵，然後選擇「編輯頻道」，接著選擇「權限」，即可在右側查看權限與類別的同步情況。

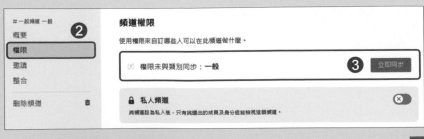

▲ 圖 2 電腦版開啟權限設定

NEXT

手機版長按頻道名稱，接著在跳出的選單中選擇「編輯頻道」，然後點選「頻道權限」，就可以在最上方看到權限與類別的同步情況。

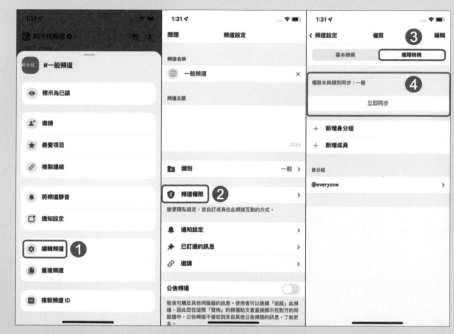

▲圖 3 手機版開啟權限設定

未同步的頻道也可以隨時點擊「立即同步」來讓頻道的權限設定與類別一致。

16-2 權限類型

權限依據功能的不同可以分成 7 大類，有些類型僅能設定在全伺服器，有些類型則是能於「類別、頻道」中另外做設定。

第 1 類－一般伺服器權限：通用型的權限，無法歸類於其他類型的權限皆屬於此類。

第 2 類 - 會員權限：與會員管理功能相關的權限。

第 3 類 - 文字頻道權限：與文字頻道功能相關的權限。

第 4 類 - 語音頻道權限：與語音頻道功能相關的權限。

第 5 類 - 舞台頻道權限：與舞台頻道功能相關的權限。

第 6 類 - 活動權限：與活動功能相關的權限。

第 7 類 - 進階權限：最高階的權限，擁有此權限就等同於擁有所有權限。

⬛ 小秘訣 20 - 頻道和伺服器權限相衝突時以誰為準

伺服器和頻道有很多權限的設定是關於同樣的功能，如果伺服器和頻道對於同一個權限有不同設定，系統會如何判斷呢？

答案是頻道的權限設定優先級會大於伺服器的權限設定。因為伺服器的權限設定適用於整個伺服器，但是頻道的權限設定只會在單一頻道中生效，Discord 會以個別頻道的權限設置為優先，達到「特例」的效果。

16-3 權限說明

接下來會以上一節提到的 7 個分類，依序來說明 48 項不同的權限內容。

一般伺服器權限

第 1 項：檢視頻道

系統描述：預設允許成員檢視頻道（私人頻道除外）。

擁有「檢視頻道」權限，代表能夠瀏覽該頻道的內容；如果沒有「檢視頻道」權限，對於該使用者來説，相當於頻道不存在，不僅看不到內容，在頻道列表中也不會出現頻道的名稱。

第 2 項：管理頻道

系統描述：允許成員建立、編輯或刪除頻道。

擁有全伺服器的「管理頻道」權限，代表能夠建立、編輯或刪除任一頻道。僅在單一類別、頻道擁有「管理頻道」權限，則只能建立、編輯或刪除該頻別、頻道。關於如何建立頻道和類別可以參考 14 - 1。

第 3 項：管理身分組

系統描述：允許成員建立、編輯或刪除比他們最高身分組還低的身分組。成員可存取的個人頻道，其權限也允許變更。

此權限僅能於全伺服器設定。擁有「管理身分組」權限代表可以建立、編輯或刪除優先級比自己的最高身分組還低的身分組，同時也能修改這些身分組的權限。關於如何建立身分組可以參考 15 - 1。

第 4 項：建立表情符號

系統描述：允許成員新增此伺服器的自訂表情符號、貼圖和音效。

此權限僅能設定於全伺服器。擁有「建立表情符號」權限可以新增伺服器中的自訂表情符號、貼圖和音效。相關的操作可以參考 13 - 5。

此權限在「啟用社群伺服器」之前預設是對所有成員開啟的，不過在啟用社群伺服器設定之後就會強制關閉。關於啟用社群伺服器的步驟可以參考 13 - 2 的説明。

第 5 項：管理表情符號

系統描述：允許成員新增或移除此伺服器的自訂表情符號、貼圖和音效。

此權限僅能設定於全伺服器。與上一項權限的差異在於不僅可以新增，還多了移除的功能。

第 6 項：檢視審核紀錄

系統描述：允許成員檢視誰在此伺服器做了何種變更。

此權限僅能設定於全伺服器。擁有「檢視審核紀錄」權限可以在「伺服器設定」的「審核日誌」選項中查看哪位成員對伺服器做了何種變更。

第 7 項：檢視 Server Insights

系統描述：允許成員檢視 Server Insights，其中包含多種數據，如社群成長幅度，參與度等。

此權限僅能設定於全伺服器。擁有「Server Insights（伺服器分析）」權限可以在「伺服器設定」的「伺服器分析」選項中查看伺服器的相關數據。伺服器的人數要超過 500 人才能開啟伺服器分析中的大部分功能。

第 8 項：管理 Webhooks

系統描述：允許成員建立、編輯與刪除 Webhook。Webhook 能將來自其他應用程式或網站的訊息張貼至此伺服器。

擁有「管理 Webhooks」權限，代表能夠編輯或刪除「伺服器設定」的「整合」選項中的 Webhook 功能（Webhook 會於 17 - 1 說明）。

第 9 項：管理伺服器

系統描述：允許成員變更此伺服器的名稱、切換地區、檢視所有邀請、新增機器人至此伺服器及建立和更新 AutoMod 規則。

此權限僅能設定於全伺服器。擁有「管理伺服器」權限可以變更此伺服器的名稱、切換地區，同時還可以檢視、撤銷伺服器的所有對外邀請連結（13 - 4 有關於邀請連結的說明）。另外，如果不是伺服器擁有者的話，也需要此項權限才能夠邀請機器人（第三方應用程式）加入伺服器（會在18 - 1 說明），或是建立和更新 AutoMod 規則（13 - 3 有關於 AutoMod 的說明）。

會員權限

第 10 項：建立邀請

系統描述：允許成員邀請新人至此伺服器。

擁有全伺服器的「建立邀請」權限，代表能夠使用「邀請其他人」的功能來生成伺服器邀請連結，其他人可以透過邀請連結加入伺服器。如果僅在單一類別、頻道擁有「建立邀請」權限，則只能以該類別、頻道使用「邀請其他人」的功能來生成伺服器邀請連結。

其他人使用邀請連結成功加入伺服器後，第一眼顯示的畫面會是生成該邀請連結的類別、頻道。

第 11 項：更改暱稱

系統描述：允許成員變更自己的暱稱，這是專屬於此伺服器的自訂名稱。

此權限僅能設定於全伺服器。擁有「更改暱稱」權限可以修改自己的「伺服器暱稱」，若沒有這個權限則只能以使用者個人資料的「顯示名稱」做顯示（可以查閱 5 - 2 關於使用者與伺服器個人資料的差別）。

第 12 項：管理暱稱

系統描述：允許成員變更其他成員的暱稱。

此權限僅能設定於全伺服器。擁有「管理暱稱」權限可以變更優先級比自己的最高身分組還低的成員的暱稱。

第 13 項：踢出成員

系統描述：允許成員移除此伺服器的其他成員，踢出的成員再收到邀請便能重新加入。

此權限僅能設定於全伺服器。擁有「踢出成員」權限可以踢出此伺服器優先級比自己的最高身分組還低的成員（可以參考 15 - 4 關於踢出操作的說明）。

第 14 項：對成員停權

系統描述：允許成員對此伺服器的其他成員永久停權。

此權限僅能設定於全伺服器。擁有「對成員停權」權限可以將伺服器中優先級比自己的最高身分組還低的成員停權（可以參考 15 - 4 關於停權操作的說明）。

第 15 項：禁言成員

系統描述：如果您將使用者禁言，該使用者將不能在聊天室中傳送訊息、回應討論串、對訊息反應，也不能在語音或舞台頻道中說話。

此權限僅能設定於全伺服器。擁有「對成員停權」權限可以將伺服器中優先級比自己的最高身分組還低的成員禁言（可以參考 15 - 4 關於禁言操作的說明）。

文字頻道權限

第 16 項：發送訊息

系統描述：允許成員在文字頻道傳送訊息。

擁有「發送訊息」權限，代表能夠在有檢視權限的文字頻道中傳送訊息。在不特別設定的情況下，公開文字頻道預設會開啟此項權限。

第 17 項：在討論串中傳送訊息

系統描述：允許成員在討論串中傳送訊息。

擁有「在討論串中傳送訊息」權限，代表能夠在有檢視權限的文字頻道中的討論串傳送訊息（在 14 - 2 有關於文字頻道討論串的說明）。在不特別設定的情況下，公開文字頻道預設會開啟此項權限。

第 18 項：建立公開討論串

系統描述：允許成員建立頻道內所有人皆可查看的討論串。

擁有「建立公開討論串」權限，代表能夠在有檢視權限的文字頻道中建立公開討論串（在 14 - 2 有關於文字頻道討論串的說明）。在不特別設定的情況下，公開文字頻道預設會開啟此項權限。

第 19 項：建立私人討論串

系統描述：允許成員建立邀請制的討論串。

擁有「建立私人討論串」權限，代表能夠在有檢視權限的文字頻道中建立私人討論串（在 14 - 2 有關於文字頻道討論串的說明）。在不特別設定的情況下，公開文字頻道預設會開啟此項權限。

第 20 項：嵌入連結

系統描述：允許成員分享的連結在文字頻道顯示內嵌內容。

擁有「嵌入連結」權限，代表能夠在有檢視權限的文字頻道中發送嵌入連結的訊息。在不特別設定的情況下，公開文字頻道預設會開啟此項權限。

需要特別注意的是，在人流比較多的中、大型伺服器，不建議讓所有成員都可以發佈嵌入連結，可能會有心懷不軌的人進到頻道中發佈惡意連結。建議在此權限上做一些限制，不要讓新成員可以直接擁有此權限。

第 21 項：附加檔案

系統描述：允許成員在文字頻道上傳檔案或媒體。

擁有「附加檔案」權限，代表能夠在有檢視權限的文字頻道中發送附加檔案。在不特別設定的情況下，公開文字頻道預設會開啟此項權限。

需要特別注意的是，在人流比較多的中、大型伺服器，不建議讓所有成員都可以發佈附加檔案，可能會有心懷不軌的人進到頻道中發佈惡意檔案。建議在此權限上做一些限制，不要讓新成員可以直接擁有此權限。

第 22 項：新增反應

系統描述：允許成員將表情符號反應新增至訊息上。停用此權限的話，成員還是可以使用訊息現有的反應。

擁有「新增反應」權限，代表能夠在有檢視權限的文字頻道中對訊息新增各種表情符號（見 8 - 4）做為回應；若無此權限則無法新增新的表情符號，但是仍然可以點擊在訊息下方其他人新增的表情符號。在不特別設定的情況下，公開文字頻道預設會開啟此項權限。

第 23 項：使用外部表情符號

系統描述：允許成員使用其他伺服器的表情符號，而他們必須是 Discord Nitro 會員。

擁有「使用外部表情符號」權限，代表能夠在有檢視權限的文字頻道中發送其他伺服器的表情符號（限定 Discord Nitro 會員才能使用此功能）。在不特別設定的情況下，公開文字頻道預設會開啟此項權限。

第 24 項：使用外部貼圖

系統描述：允許具有 Discord Nitro 訂閱會員身分的成員使用其他伺服器的貼圖。

擁有全伺服器的「使用外部貼圖」權限，代表能夠在有檢視權限的文字頻道中發送其他伺服器的貼圖（限定 Discord Nitro 會員才能使用此功能）。在不特別設定的情況下，公開文字頻道預設會開啟此項權限。

第 25 項：提及 @everyone、@here 和所有身分組

系統描述：允許成員使用 @everyone（此伺服器裡的所有人）或 @here（僅限該頻道的線上成員），也允許成員 @mention 所有身分組，即使此身分組並未授權「允許任何人提及這個身分組」。

擁有「提及 @everyone、@here 和所有身分組」權限，代表能夠在有檢視權限的文字頻道中提及 @everyone、@here 和所有身分組。此權限在「啟用社群伺服器」設定之前預設是對所有成員（everyone）開啟的，不過在啟用社群伺服器設定之後就會強制關閉，關於啟用社群伺服器的步驟可以參考 13 - 2 的說明。

第 26 項：管理訊息

系統描述：允許成員刪除其他成員留下的訊息，也允許成員釘選任何訊息。

擁有「管理訊息」權限，代表能夠在有檢視權限的文字頻道中刪除和釘選其他人的訊息。

第 27 項：管理討論串

系統描述：允許成員重新命名和刪除討論串、為討論串關閉和開啟慢速模式。成員也可以檢視私人討論串。

擁有「管理討論串」權限，代表能夠在有檢視權限的文字頻道中對討論串做出各種管理行為。

慢速模式能夠限制同一名成員在頻道中發佈訊息的頻率，間隔時間可以設置為 5 秒至 6 小時之間。假設設置為 10 秒的話，成員在同個頻道發送 1 則訊息後的 10 秒內會無法發送訊息。此功能能在短時間發言量過多的頻道中，能夠有效減低訊息流動的速度。

電腦版設置方式為對著想要設置的頻道點擊滑鼠右鍵，然後點擊「編輯頻道」，可以在概要的選單下方看到「慢速模式」。

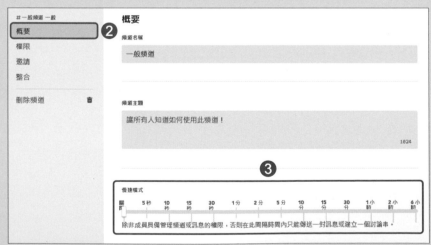

▲ 圖 4 電腦版慢速模式

手機版設置方式為長按想要設置的頻道，然後點擊「編輯頻道」，可以在頻道設定的選單下方看到「慢速模式冷卻時間」的拉條。

NEXT

▲圖 5 手機版慢速模式

第 28 項：讀取訊息歷史

系統描述：允許成員讀取頻道之前傳送的訊息。若停用此權限，成員只會看見當他們在線上且該頻道為主要畫面時傳送的訊息。

擁有「讀取訊息歷史」權限，代表能夠在有檢視權限的文字頻道中讀取頻道之前傳送的訊息。在不特別設定的情況下，預設會開啟此項權限。

第 29 項：傳送文字朗讀訊息

系統描述：允許成員以 /tts 當作訊息開頭，傳送文字朗讀訊息，主要畫面為該頻道的任何人都能聽見這些訊息。

擁有「傳送文字朗讀訊息」權限，代表能夠在有檢視權限的文字頻道中輸入 /tts 當作訊息開頭，所有在該頻道的成員都會聽到 AI 文字朗讀語音。

第 30 項：使用應用程式命令

系統描述：允許成員使用應用程式命令，包含斜線命令和操作功能選單命令。

擁有「使用應用程式命令」權限，代表能夠在有檢視權限的文字頻道中輸入斜線命令和操作功能選單命令。在不特別設定的情況下，預設會開啟此項權限。

📓 小秘訣 22 - 斜線命令

在某次 Discord 改版後，要求所有應用程式開發者採用斜線命令做為使用者與第三方應用程式（機器人）的互動標準。現在使用者只要在有開啟「使用應用程式命令」的文字頻道中，在對話框輸入「/」，就可以直接瀏覽所有有權限可以使用的 Discord 第三方應用程式（機器人）命令。

第 31 項：傳送語音訊息

系統描述：允許成員傳送語音訊息。也需要「附加檔案」權限。

擁有「傳送語音訊息」權限，代表能夠在有檢視權限的文字頻道中傳送語音訊息，不過同時也需要第 21 項「附加檔案」權限。在不特別設定的情況下，預設會開啟此項權限。

📓 小秘訣 23 - 傳送語音訊息

目前只有手機版能夠傳送語音訊息，使用方式是長按訊息輸入欄的右側麥克風鍵，然後對著手機的收音處說話。放開麥克風鍵後，就會自動把剛剛說的語音訊息傳送到頻道中。若是中途改變想法想要刪除語音，只要把長按的手指移動到左手邊即可刪除該語音訊息。

NEXT

▲ 圖 6 傳送語音訊息

第 32 項：使用 Clyde AI

系統描述：允許成員自訂 Clyde AI 機器人並與其互動。

Clyde AI 是 Discord 透過 OpenAI 科技所開發的 AI 機器人。擁有「使用 Clyde AI」權限，代表能夠在有檢視權限的文字頻道中輸入帶有「@Clyde」的訊息來呼叫並互動。在不特別設定的情況下，預設會開啟此項權限。

語音頻道權限

第 33 項：連接

系統描述：允許成員加入語音頻道並聽見其他人說話。

擁有「連接」權限，代表能夠在有檢視權限的語音／舞台頻道中聽到其他人說話。在不特別設定的情況下，預設會開啟此項權限。

第 34 項：說話

系統描述：允許成員在語音頻道聊天，若停用此權限，成員將會預設為靜音，除非有人有「將成員靜音」的權限，並對他們解除靜音。

擁有「說話」權限，代表能夠在有檢視權限的語音頻道中說話。在不特別設定的情況下，預設會開啟此項權限。

第 35 項：視訊通話

系統描述：允許成員在此伺服器分享影片，分享畫面或直播遊戲。

擁有「視訊通話」權限，代表能夠在有檢視權限的語音／舞台頻道中分享影片、畫面或直播遊戲（14 - 2 有詳細操作說明）。在不特別設定的情況下，預設會開啟此項權限。

第 36 項：使用活動

系統描述：允許成員在此伺服器中使用活動。

擁有「使用活動」權限，代表能夠在有檢視權限的語音頻道中使用活動功能，包含玩遊戲、使用塗鴉板及觀看 YouTube 影片（14 - 4 有詳細操作說明）。在不特別設定的情況下，預設會開啟此項權限。

第 37 項：使用音效板

系統描述：允許成員用伺服器音效板傳送音效。

擁有「使用音效板」權限，代表能夠在有檢視權限的語音頻道中使用伺服器音效板傳送音效（13 - 5 有音效板的說明）。在不特別設定的情況下，預設會開啟此項權限。

第 38 項：使用外部音效

系統描述：允許具有 Discord Nitro 訂閱會員身分的成員，使用其他伺服器的音效。

擁有「使用外部音效」權限，代表能夠在有檢視權限的語音頻道中發送其他伺服器的音效板（限定 Discord Nitro 會員才能使用此功能）。在不特別設定的情況下，預設會開啟此項權限。

第 39 項：使用語音活動

系統描述：允許成員在語音頻道直接説話聊天。若停用此權限，成員必須使用按鍵講話，對於管控有背景音或吵雜的成員很方便。

擁有「使用語音活動」權限，代表能夠在有檢視權限的語音頻道中直接以語音感應模式説話，沒有此權限則需要使用按鍵發話模式説話（9 - 2有關於語音輸入模式的説明）。在不特別設定的情況下，預設會開啟此項權限。

第 40 項：優先發言者

系統描述：允許成員在語音頻道中説話時更容易被聽見。啟用之後，不具此權限成員的發言音量會被自動降低。使用熱鍵按鍵發話（優先）能啟用「優先發言者」。

擁有「優先發言者」權限，代表能夠在有檢視權限的語音頻道中以優先發言者的身分説話。

第 41 項：將成員靜音

系統描述：允許成員替所有人將語音頻道的其他成員靜音。

擁有「將成員靜音」權限，代表能夠在有檢視權限的語音頻道中靜音其他成員。

靜音只會關閉説話的功能，但仍然可以留在頻道裡聽其他人説話，或是使用語音頻道附帶的文字頻道。

第 42 項：讓成員拒聽

系統描述：允許成員關閉語音頻道中其他成員的聽説功能。他們將無法説話，也無法聽見其他人説話。

擁有「讓成員拒聽」權限，代表能夠在有檢視權限的語音頻道中使其他成員變成拒聽狀態。

拒聽狀態不只關閉說話的功能，也無法聽到其他人說話。

第 43 項：移動成員

系統描述：允許成員在語音頻道間中斷連線或移動其他成員，而擁有此權限的成員必須要能存取該語音頻道。

擁有「移動成員」權限，代表能夠在有檢視權限的語音頻道中移動其他成員，譬如說將某成員從 A 語音頻道移動到 B 語音頻道。

第 44 項：設定語音頻道狀態

系統描述：允許成員建立和編輯語音頻道狀態。

擁有「設定語音頻道狀態」權限，代表能夠在有檢視權限的語音頻道中修改其顯示狀態。語音頻道的狀態會顯示在頻道名稱的下方。在不特別設定的情況下，公開語音頻道預設會開啟此項權限。

舞台頻道權限

第 45 項：請求發言

系統描述：允許在舞台頻道中提出發言請求。舞台版主可以手動核准或拒絕所有請求。

擁有「請求發言」權限，代表能夠在有檢視權限的舞台頻道中請求發言。在不特別設定的情況下，預設會開啟此項權限。

活動權限

第 46 項：建立活動

系統描述：允許成員建立活動。

擁有「建立活動」權限，代表能夠在有檢視權限的頻道中建立活動。此權限在「啟用社群伺服器」之前預設是對所有成員開啟的，不過在啟用社群伺服器設定之後就會強制關閉，關於啟用社群伺服器的步驟可以參考 13-2 的說明。

📝 小秘訣 24 - 使用建立活動功能來宣傳活動資訊以及 Discord 伺服器

在 Discord 伺服器內左側頻道列表最上方的區塊，有一個「活動」欄位，在這裡會顯示伺服器未來會舉辦的活動資訊。管理員或是版主能夠點擊活動欄位並用「建立活動」替未來的活動做宣傳。

▲ 圖 7 建立活動

「建立活動」一共有 3 個步驟：

1. 選擇活動舉行頻道：能夠選擇舞台頻道、語音頻道或是其他活動。

NEXT

◀ 圖 8 選擇
活動舉行
頻道

2. 填寫活動細節：填寫活動主題、開始日期、開始時間、簡介，最後還可
以為活動上傳封面圖片。

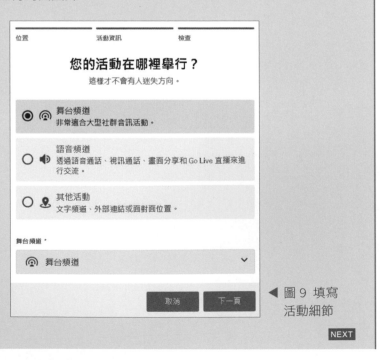

◀ 圖 9 填寫
活動細節

NEXT

3. 使用連結宣傳活動：最後會產生一個活動網址，這個網址其實就是伺服器邀請連結，能夠邀請其他人加入伺服器並參與舉辦的活動。

▲ 圖 10　建立活動的最後檢查

完成設置後，所有伺服器的社群成員都可以伺服器內左側頻道列表最上方的活動欄位看到活動資訊，點擊活動即可看到關於活動的細節。

▲ 圖 11　伺服器左側頻道列表的最上方可檢視伺服器未來的活動資訊

第 47 項：管理活動

系統描述：允許成員編輯及取消活動。

擁有「管理活動」權限，代表能夠在有檢視權限的頻道中編輯及取消活動。

進階權限

第 48 項：管理者

　　系統描述：擁有這個權限的成員具有所有權限，可略過所有頻道特定權限或限制（例如成員可以存取所有私人頻道）。授予此權限很危險。

　　此權限僅能設定於全伺服器。擁有「管理者」權限代表可以取得前面所提到的全部 45 項權限。

風險權限

　　所謂的風險權限，是表示一般成員取得此種權限會造成伺服器處於有風險的狀態，因此建議只給管理團隊或是 MOD（版主）等具有管理及維持伺服器秩序責任的身分組。

　　在「啟用社群」的最後一個步驟中（關於啟用社群伺服器的步驟可以參考 13 - 2 的説明），可以看到 Discord 將以下 12 項權限列為風險權限，分別是：

● 第 2 項：管理頻道

● 第 3 項：管理身分組

● 第 4 項：建立表情符號

● 第 5 項：管理表情符號

● 第 9 項：管理伺服器

● 第 13 項：踢出成員

● 第 14 項：對成員停權

● 第 25 項：提及 @everyone、@here 和所有身分組

- 第 26 項：管理訊息

- 第 46 項：建立活動

- 第 47 項：管理活動

- 第 48 項：管理者

16-4 權限設定操作說明

全伺服器權限設定

電腦版要先進入欲設定的伺服器，然後點擊左上角的伺服器名稱，選擇「伺服器設定」，接著選擇「身分組」，點擊要編輯權限的身分組，將右側的分頁切換至「權限」，就可以看到 16 - 3 所說明的 48 項權限，可以依據需求逐項調整。每個身分組的權限設定都是各自獨立的。

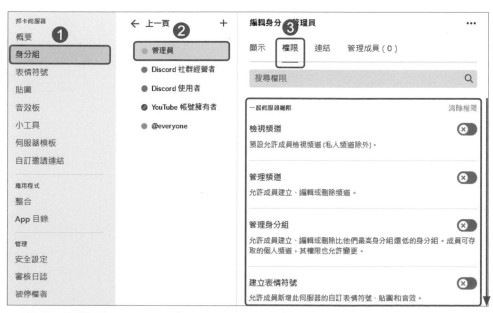

▲ 圖 12 電腦版身分組

手機版要先進入欲設定的伺服器，然後點擊左上角的伺服器名稱，選擇「設定」，接著將跳出的選單滑至下方選擇「身分組」，點選欲編輯的身分組名稱，再選擇「權限」，就可以看到 16 - 3 說明的 48 項權限，可以依據需求逐項調整。每個身分組的權限設定都是各自獨立的。

▲ 圖 13 手機版身分組

電腦版對著欲編輯的頻道／類別名稱點擊滑鼠右鍵，選擇「編輯頻道／類別」，接著選擇「權限」，然後就可以在右側看到「身分組／成員」的文字。點擊旁邊的加號可以新增不同的身分組／成員，每個身分組／成員都可以逐項調整在 16 - 3 所說明的 48 項權限。另外可以看到在「身分組／成員」下方有一個「@everyone」，這是所有成員都有的預設權限，包含無任何身分組的成員，其 48 項權限也能夠逐項調整。

▲ 圖 14 電腦版頻道／類別

手機版長按欲編輯的頻道／類別名稱，選擇「編輯頻道／類別」，接著選擇「頻道權限／類別權限」，可以在權限頁面新增不同的身分組／成員，每個身分組／成員都可以逐項調整對應於頻道功能的權限。另外在權限頁面的最下方可以看到「@everyone」，這是所有成員都有的預設權限，包含無任何身分組的成員，其 48 項權限也能夠逐項調整。

▲ 圖 15 手機版頻道／類別

CHAPTER
17　應用程式／機器人

　　説明完了頻道、身分組和權限以後，終於來到了 Discord 最後一個核心系統 -「應用程式／機器人」。這個部分與前面三個核心系統最大的差異，在於絕大部分的功能都是透過第三方團隊所開發的，僅有少部分的功能是由 Discord 所提供。

17-1 了解「應用程式／機器人」

　　撰寫應用程式需要擁有程式語言相關的知識，透過應用程式能夠達到的效果非常多元，光是目前在 Discord 內建的應用程式（機器人）搜尋功能裡就收錄了超過 4000 個。不過一般的 Discord 伺服器管理者，即使不懂程式語言也完全不用擔心，因為大多數的第三方應用程式（機器人）都能夠透過簡單的指令或是開發者提供的網頁後台進行設置與操作。

　　接下來會針對「伺服器設定」選單中的「應用程式」分類的各項功能進行說明。由於部分的功能只有電腦版才能操作，因此筆者建議這個章節搭配電腦版的介面來學習。

　　首先進到伺服器後，點擊左上角的伺服器名稱，接著打開「伺服器設定」選項，可以在「應用程式」的分類下方找到「整合」與「APP 目錄」兩個項目（圖 1）。

▲圖 1 「整合」與「APP 目錄」

17-2 整合

Webhook

　　Webhook 的中文翻譯為「網路鉤手」，在維基百科的定義是：「一種通過自訂回呼函式來增加或更改網頁表現的方法。這些回呼可被可能與原始網站或應用相關的第三方使用者及開發者儲存、修改與管理。」

　　簡單來說，webhook 是連接著兩個端點並且「由事件驅動」的觸發器。一個端點是「起點」，另外一個端點是「終點」，這些端點可以是網路上各種不同的網站或應用程式，當起點發生了特定事件後，終點就會收到通知並執行某項動作。在 Discord 的運用上，終點通常都會設定為 Discord 伺服器中的某個頻道，這樣就能夠在事件發生時在頻道中收到訊息。

　　舉個生活上的例子來說明，以百貨公司的美食街點餐來看，由於大部分都是開放式座位，所以消費者在點完餐以後，商家都會給消費者一個小裝置。這個裝置會在餐點準備好的時候發出聲響及震動來提醒消費者餐點已經準備好了，這時候無論消費者在美食街的哪一個位置，即便視野範圍內看不到，也會馬上就知道該是時候去取餐了。

以上的例子中，那個會發出聲響並且震動的裝置就相當於是「webhook」，其中的驅動事件就是「當餐點準備好的時候」，備餐的商家就是「起點」，商家會在餐點準備好的當下啟動裝置來通知位在「終點」的消費者，這時候消費者會採取的行動就是去取餐。

Discord 生成的 webhook 能夠產生一組 webhook 專屬的網址，只要把這組網址串接到不同應用的伺服器，當有指定的事件發生時，就能夠透過 webhook 在 Discord 頻道收到訊息。一般可以搭配網路上的 webhook 串接服務來使用，譬如像是 IFTTT、Zapier 等，這邊就不特別展開說明串接服務的操作，因為一些比較普遍的通知需求都可以透過現成的應用程式（機器人）來達成。在第 18 章會介紹一個透過應用程式（機器人）來使用 webhook 接收社群媒體資訊的運用。

如何取得 Webhook 專屬的網址

首先進到伺服器，點擊左上角的伺服器名稱，接著打開「伺服器設定」選項，在「整合」選項中點選「建立 webhook」。如果已經有 1 個以上的 webhook 存在，那按鈕的名稱會變成「查看 webhook」。

▲ 圖 2 建立 webhook

接著就可以開啟 webhook 設定。初次創建請點擊「建立 Webhook」，如果已經有存在 1 個以上的 webhook，請點擊「新 Webhook」來進行新的創建。每個 webhook 都有 5 個選項可以進行調整。

1. 頭像：改變 webhook 在頻道中發佈訊息所顯示的頭像。

2. 名稱：改變 webhook 在頻道中發佈訊息所顯示的名稱。

3. 頻道：要將接收到的資訊在哪個頻道發佈。

4. 複製 Webhook 網址：這是整個 webhook 最重要的內容，也是運作的關鍵。切記不要讓運行中的 webhook 網址外流，否則不懷好意的人士可以透過這組網址將惡意的訊息發送到你的 Discord 頻道中。

5. 刪除 Webhook：將創建出來的 webhook 刪除。

▲ 圖 3 Webhook 設定

取得 webhook 專屬的網址後，就可以將其使用在 webhook 串接服務，或是自行撰寫程式碼來運用。

已追蹤的頻道

在 14-2 介紹了各種頻道類型，其中「公告頻道」提供了追蹤的功能，追蹤後可以指定將這些公告頻道發布的訊息傳送到某個頻道裡。在「已追蹤的頻道」裡可以檢視目前此伺服器已經追蹤了哪些公告頻道，可以進行調整或是取消追蹤。

▲ 圖 4 檢視已追蹤的頻道

連接功能（YouTube、Twitch）

Discord 的連接功能可以分成兩大類，一種是與個人帳號的連接，這部分在 5 - 6 有詳細的介紹；另外一種是這裡要說明的與伺服器的連接，兩種的連接步驟都是一樣的。

與伺服器連接的部分，如果你有經營一個已經開通頻道訂閱功能的 YouTube / Twitch 帳號，那麼你就可以使用已連結身分組的形式（15 - 3 有詳細的說明），讓有訂閱你的 YouTube / Twitch 頻道的觀眾／粉絲在加入你的伺服器時獲得專屬的身分組，不過前提是這些訂閱者有將自己的 Discord 帳號與 YouTube / Twitch 帳號做連結。

機器人和應用程式

所有已經邀請進此伺服器的機器人和應用程式都會顯示在這裡，能夠查看它們的狀態、管理它們擁有的權限，以及修改每個指令能夠被伺服器中的哪些身分組或是頻道所使用。

查看狀態

在機器人和應用程式列表，可以依序看到以下的資訊：

1. 名稱、邀請者及加入伺服器的時間

2. 屬性：以左至右分別表示「認證機器人」、「webhook」、「斜線指令」。

3. 管理：一覽關於此機器人的詳細資訊。

▲ 圖 5 機器人和應用程式

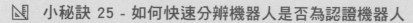

小秘訣 25 - 如何快速分辨機器人是否為認證機器人

「認證機器人」是指受到 Discord 官方信任的機器人，在機器人的個人資料或是伺服器右側的成員名單，可以看到機器人名稱後方有一個帶有勾勾的機器人字樣。如果是沒有受到官方認證的機器人就不會有勾勾的顯示，沒有勾勾不代表一定有安全性的風險，但是存在有風險的可能性比較高。

▲ 圖 6 有勾勾和沒勾勾

指令權限

點擊任一個機器人右側的「管理」，即可一覽關於此機器人的詳細資訊，一開始會顯示的是「指令權限」。如果機器人採用的是 Discord 最新的機器人互動標準「斜線指令」的話，就可以修改每一項斜線指令能夠被伺服器中的哪些身分組或是頻道所使用。

▲ 圖 7 指令權限

機器人擁有權限

接下來可以看到機器人擁有伺服器的哪些權限。由於機器人在伺服器中也會被視為一位成員，因此所有可以對成員採取的行為一樣都可以拿來應對機器人，所以機器人擁有的權限也與第 16 章介紹的 48 種權限相同。如果要修改機器人的權限，只要去修改機器人所擁有的身分組權限即可。

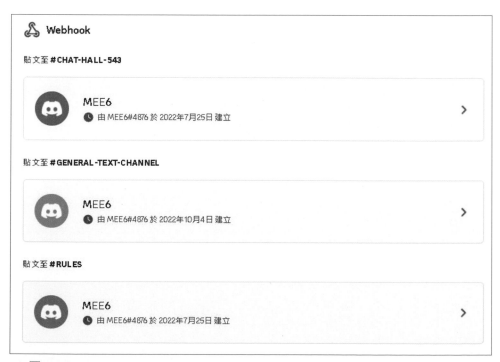

```
🤖 機器人

😐  MEE6  ✓ 機器人

身分組
● Bot-specific    ● MEE6

已授予的權限
✓ 管理者            ✓ 管理身分組        ✓ 管理頻道
✓ 踢出成員          ✓ 對成員停權        ✓ 建立邀請

✗ 檢視 Server Insights   ✗ 檢視伺服器訂閱分析   ✗ 發送 TTS 訊息
✗ 管理討論串            ✗ 優先發言者
```

▲ 圖 8 機器人的權限一覽

Webhook

這裡會顯示這個機器人目前在此伺服器有幾個正在運作中的 webhook。

```
🔗 Webhook

貼文至 #CHAT-HALL-543

[MEE6 icon]  MEE6
             🕐 由 MEE6#4876 於 2022年7月25日 建立          >

貼文至 #GENERAL-TEXT-CHANNEL

[MEE6 icon]  MEE6
             🕐 由 MEE6#4876 於 2022年10月4日 建立          >

貼文至 #RULES

[MEE6 icon]  MEE6
             🕐 由 MEE6#4876 於 2022年7月25日 建立          >
```

▲ 圖 9 Webhook

移除應用程式

在選單的最下方，有「移除應用程式」的按鈕。直接把機器人從伺服器踢出也可以達到一樣的效果，關於踢出的操作可以翻閱 15-4 的說明。

當您移除這項整合功能時，您也會將這個頁面的機器人和 Webhook 從伺服器移除。此動作無法復原。 　移除應用程式

▲ 圖 10 移除應用程式

17-3 APP 目錄

Discord APP 目錄是一個 Discord 內建的機器人商店（目前只能在電腦版使用），由 Discord 開發者社群負責機器人上架的審核。管理者可以不用離開 Discord 程式，直接尋找想要使用的機器人，其概念可以簡單的理解為像是 Google 的 Google Play 和 Apple 的 App Store 的地方。大部分的機器人都會再分成基礎版與進階版，基礎版不需要付費就可以使用一些基本功能，而進階版就需要付費給第三方團隊來解鎖該機器人的進階功能，管理者可以視自己的需求來選用。

在 APP 目錄裡收納的都是通過官方審核的機器人。過去還沒有推出 APP 目錄功能前，使用者如果要尋找好用的機器人，通常都是去第三方網站尋找，或是靠口耳相傳推薦。這類第三方網站在 APP 目錄推出後有比較式微一些，不過通常第三方網站的使用者評價仍然可以做為參考的依據，有些尚未被上架到 APP 目錄的機器人也可以在第三方網站找到，不過其安全性就必須靠使用者自行判斷。建議在不清楚機器人的真實來歷之前，社群管理者還是以使用有認證的機器人為主。

APP 目錄將所有的機器人分成 5 大類，分別是娛樂、遊戲、管理與工具、社交以及公共事業。使用者可以在搜尋欄位輸入關鍵字進行搜尋，不過大部分的機器人都是以英文為主要語言。

▲ 圖 11 APP 目錄

選擇任何一個機器人，可以看到關於機器人更詳細的資訊（圖 12），包含：

1. 此機器人已被多少個 Discord 伺服器所使用。通常使用的伺服器越多，代表這個機器人越受歡迎，跟使用手機在下載 APP 之前可以查看總下載量的概念非常類似。

2. 機器人相關的資訊連結。如果有屬於這個機器人的官方團隊支援 Discord 伺服器也會顯示於此，關於該機器人的使用問題都可以到這些地方尋找解答。

3. 機器人的細節資訊，包含熱門指令及機器人需要的伺服器權限等等。

4. 可以直接邀請機器人到自己的 Discord 伺服器中，也可以複製機器人邀請連結保留下來或分享給其他朋友。

5. Discord 系統推薦的其他功能相似的機器人。

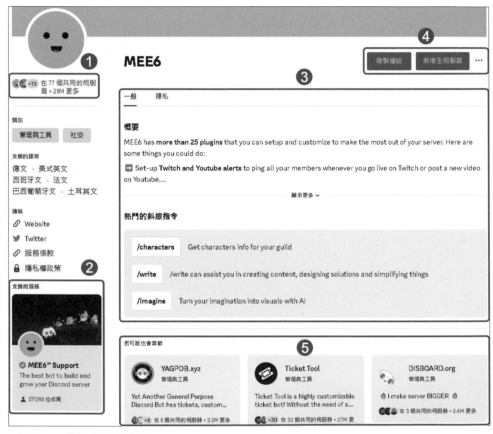

▲ 圖 12 機器人詳細介面

CHAPTER 18 用第三方應用程式升級你的 Discord 伺服器！

Discord 在頻道、身分組和權限的功能已經相當強大了，但是如果善用機器人的功能，能夠讓你的伺服器如虎添翼，在使用體驗更上一層樓。這個章節將會教你如何從 0 到 1 的將機器人安置進你的伺服器，在章節的後半部會教你 4 種實用的機器人運用方式。

18-1 如何安裝／邀請機器人

看完 17 - 3 APP 目錄的介紹，要尋找應用程式／機器人對於大家來說都是小菜一碟了，接下來說明如何進行安裝／邀請。

在 Discord 伺服器如果要使用任何機器人的功能，不需要進行安裝的動作，只需要把欲使用的機器人先邀請至伺服器內，再透過指令來執行功能的操作。這裡使用「安裝」這個名詞做為章節名稱，比較符合大家一般在電腦或是行動裝置上使用應用程式的想像。

邀請機器人的過程可以拆解成 3 個步驟。

步驟 1：取得機器人邀請連結

「機器人邀請連結」相當於是將機器人邀請至伺服器的關鍵鑰匙，在 17 - 3 介紹的「APP 目錄」功能裡，點開機器人詳細介紹畫面後，可以在右上角看到「複製連結」及「新增至伺服器」的按鈕，大部分的機器人都會將機器人邀請連結放置於此處。有部分機器人會將官方網站的連結置於此處，需要到官方網站取得機器人邀請連結。

只要有了機器人邀請連結，任何一個 Discord 伺服器創建者都可以將機器人邀請到自己管理的伺服器。若非創建者的話，則需要擁有「管理伺服器」的權限（第 16 章第 9 項權限）才能進行機器人的邀請。

步驟 2：給予機器人相應的權限

點擊機器人邀請連結後，會先跳出一個視窗詢問你要將機器人新增至哪一個伺服器，選擇完伺服器後按下繼續。

▲圖 1　詢問新增機器人至哪一個
伺服器

接著會跳出要授予伺服器權限給機器人的選單，畫面上列出的權限條目就是機器人預設索取的權限，可以選擇實際要給予機器人哪些權限。有些機器人功能在缺乏某些權限時會無法正常運作，但有時候機器人也會索取超過其功能所需的權限，這時候要給予多少權限就是個人的判斷了。

如果是一個有通過 Discord 官方認證的機器人，同時也是很多伺服器都有使用的機器人，那麼即便要給予權限最大的管理者權限（第 16 章第 48 項權限），通常也是安全的。但如果是一個來路不明的機器人，既沒有通過 Discord 官方認證、使用的伺服器數量也未知，那麼建議不要給出任何風險權限（詳閱 16 - 3 的說明），或者至少先拿一個新創建的伺服器來試試看。不過即使新創建的伺服器沒有出任何問題，也不能保證後續這個機器人都會是安全的，因此最保險的方式還是只使用有上架 APP 目錄或是透過可信任管道取得的機器人。

▲ 圖 2 授予權限

步驟 3：確認機器人狀態及管理

完成以上 2 個步驟以後，邀請的機器人應該會出現在伺服器右側的成員列表之中。每個機器人在加入伺服器以後也會透過系統自動取得一個與自身名稱相同的整合身分組（詳閱 15 - 3 的說明），可以透過編輯此身分組的權限來修改在步驟 2 授權給予機器人的權限。

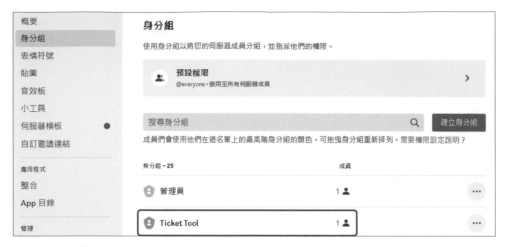

概要
身分組
表情符號
貼圖
音效板
小工具
伺服器模板 ●
自訂邀請連結

應用程式
整合
App 目錄

管理

身分組

使用身分組以將您的伺服器成員分組，並指派他們的權限。

預設權限
@everyone・套用至所有伺服器成員 >

搜尋身分組 🔍 建立身分組

成員們會使用他們在這名單上的最高階身分組的顏色。可拖曳身分組重新排列。需要權限設定說明？

身分組 - 25 成員

🛡 管理員 1👤 ⋯

🛡 Ticket Tool 1👤 ⋯

▲ 圖 3 與機器人同名的身分組

📓 **小秘訣 26 - 創建機器人專用身分組**

機器人會因為不同的功能而需要擁有不同的權限，有時候也會涉及對其他成員狀態的變更，這時候如果機器人所擁有的身分組優先級太低的話（詳閱 15－2 身分組優先級的說明），就會無法對優先級比較高的身分組做出某些行為，導致機器人無法發揮其應有的功能。

為了避免這種機器人失能的狀況出現，有一個簡便的方式可以解決，就是在伺服器內設置一個僅低於管理員身分組優先級的身分組，並將這組身分組設定為「機器人專用」身分組。機器人專用的意思是這個身分組只賦予給機器人，不會給予其他人類成員，如此以來就不會出現機器人身分組優先度不足的情況，可以確保機器人在取得必要的權限時能夠正常運作。

這樣設置的唯一風險，就是當機器人受到惡意入侵時，有可能做出某些對伺服器造成危害的行為，因此建議只給予信任的機器人這樣的機器人專用身分組，可疑的機器人盡可能的不要使用。

NEXT

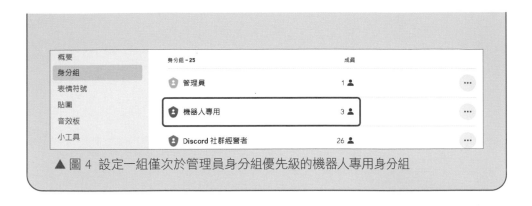

▲ 圖 4 設定一組僅次於管理員身分組優先級的機器人專用身分組

18-2 機器人相關疑難排解

無法順利邀請機器人加入指定伺服器

可能性 1：Discord 帳號未具備有管理員權限

若是非 Discord 伺服器的創建者，也不具備有管理伺服器權限（第 16 章第 9 項權限），就無法邀請機器人加入伺服器。

可能性 2：Discord 帳號尚未通過 Email 驗證

若是邀請機器人的畫面跳出以下訊息：「You need to verify your e-mail address in order to add this bot to a server.」，代表 Discord 帳號尚未通過 Email 驗證，需要前往「使用者設定」頁面尋找「我的帳號」，重新驗證一次 Email（可以翻閱 4 - 1 如何申請 Discord 帳號的說明）。

可能性 1：機器人的身分組權限優先級不足

有些功能會對其他成員做出一些狀態上的變更，因此需要機器人擁有足夠的身分組優先級才能夠執行。遇到此狀況可以將該機器人的整合身分組（名稱與機器人同名的身分組）調高身分組優先級（詳閱 15 - 2 身分組優先級的說明），或是參考 18 - 1 的「小秘訣 26 - 創建機器人專用身分組」的作法。

可能性 2：機器人沒有取得運作必要的權限

這可能是不小心調整到機器人的權限所導致，有 2 種解決方式可以參考：

1. 先將機器人踢出伺服器後再重新邀請：此種方式的缺點是原本針對機器人在伺服器內做的一些設定都要重新再調整一次，而且如果機器人還有其他功能處於運作狀態，可能會造成一些不方便。

2. 開啟一個全新伺服器邀請同樣的機器人，確認其預設要求的伺服器權限有哪些：透過比對機器人預設要求的權限和目前伺服器中擁有權限的差異，將其缺少的權限重新授予給機器人。

18-3 實際運用情境與推薦

Discord 機器人的功能五花八門，在 APP 目錄一一翻找也非常累人，因此這邊介紹 4 種常見的情境以及相關的機器人，也可以當作熟悉機器人操作的練習。

網路上有各種不同的社群媒體，像是 Instagram、Tiktok、YouTube 等等。想要讓你的 Discord 伺服器成員一次掌握你所經營的所有社群媒體最新發佈的動態，有沒有可能呢？透過機器人是可以達成的！

雖然使用者可以手動把每個社群媒體發佈的最新消息轉貼到 Discord 伺服器的頻道裡面，但是這樣的做法實在是耗時又耗力，一個不小心還容易忘記，而且沒有辦法做到分秒不差的即時通步。透過設定機器人，就可以把這些流程變成自動化運作。

這種類型的機器人，能夠透過 webhook 的方式（webhook 原理可翻閱 17 - 2 的說明），將這些社群媒體帳號串連到你所指定的頻道。只要這些社群媒體帳號發生指定的行為（譬如發佈了新的貼文），就會自動觸發 webhook 的機制，使其在你指定的頻道發佈訊息，讓社群成員可以看見。透過這種由第三方製作好的機器人，你不需要搞懂底層的 webhook 設定，只需要跟著機器人的指示設定即可。

推薦使用的機器人：

1. Pingcord 機器人：免費版提供了每種社群媒體各可追蹤 1 個帳號的額度，包含 Facebook、Instagram、Reddit、Tiktok、Twitch、YouTube 等等平台的推播。若需要追蹤更多的帳號，需要付費加購或是升級為進階版本。

2. Mee6 機器人：免費版本沒有提供社群推播的功能，付費版本可以使用 Instagram、Podcast、Reddit、RSS、Tiktok、Twitch、YouTube 等等平台的推播。

3. 還有一些機器人有提供單個社群媒體的推播功能，像是 FreshTok 機器人提供 Tiktok 的推播、Streamcord 提供 Twitch 的推播。

運用 2：沒有客服系統？利用自動化流程打造

　　你曾經播打過客服電話或是使用線上的客服系統和客服人員溝通嗎？這些服務都可以讓消費者 1 對 1 的和客服人員進行溝通，Discord 也能夠透過機器人來達到與社群成員 1 對 1 的效果。

　　有些管理員會特別開闢獨立的頻道來讓使用者回報問題或回饋意見，這樣的做法沒有問題，不過這樣的頻道通常是不特定多數人都可以看到的，有些比較敏感或是不方便公開說明的事情，就不太適合使用公開的頻道來處理。也有管理者會在 Discord 頻道提供 Google 表單，讓有需要的人可以填寫表單將問題與意見直接傳送給管理團隊，這樣的做法也沒有問題，只是 Google 表單沒有辦法提供即時的互動溝通。

　　這種類型的機器人，能夠利用 Discord 伺服器的頻道和權限的效果，讓有問題或意見想要直接與管理團隊溝通的成員，可以透過「開票」的方式，在點擊頻道裡開票的按鈕後，立即自動化的生成一個專屬頻道。這個頻道只有開票的成員，以及有權限的管理團隊成員能夠看到，如此一來就可以在專屬頻道進行即時的雙向溝通來解決問題。等到問題解決後，就能再透過機器人的功能自動化的把專屬頻道關閉，甚至還可以備份對話過程，這樣以後再遇到問題就可以調閱對話紀錄。這些開啟頻道、關閉頻道以及備份對話過程的步驟，都可以透過機器人自動化的進行，可以省下大量的人力時間與成本，又能夠滿足與成員的即時溝通。

　　推薦使用的機器人：

- Ticket Tool：免費版就提供了相當完善的客服系統功能，能夠符合中、小型的伺服器需求，若是客服需求量很大才有需要考慮升級到進階版本。

不同於一般的社群媒體可以透過貼文或是影片的觸及數、瀏覽量這些外顯的數字來推斷成效，Discord 更重視社群成員在伺服器裡的活躍度。而成員的互動頻率可以做為其中一個衡量的重要指標。

雖然 Discord 內建有伺服器分析（Server Insights）的功能，不過只有擁有「檢視 Server Insights」權限（第 16 章第 7 項權限）的成員才可以查看，而且伺服器總人數要達到 500 人才能解鎖。

這種類型的機器人，能夠將成員在頻道裡的發言次數，轉換成模仿 RPG 遊戲的「經驗值」，再透過機器人的等級系統，將這些經驗值換算成「等級」。成員會隨著發言的次數提升在伺服器內的等級，等級可以代表成員在伺服器裡的活躍程度，等級越高通常代表發言次數越多。有些機器人提供更進階的功能，讓管理者可以設定不同的等級能夠獲得不同的身分組，透過這樣的機制可以再延伸規劃不同的身分組能夠獲得的權限或者是獎勵，管理者可以發展出一套屬於伺服器的會員獎勵機制。

推薦使用的機器人：

1. Atlas 機器人：免費版即提供了等級系統以及身分組獎勵系統的功能。

2. Mee6 機器人：免費版提供了等級系統，身分組獎勵系統需要進階版才能解鎖。

運用 4：自動抽獎工具，用獎勵鼓勵社群參與

提供獎勵誘因是最直接也是最有效的鼓勵成員互動的方式之一。在行銷活動中我們經常可以看到各種不同規則的抽獎活動，許多社群媒體都有第三方的抽獎小工具可以使用，Discord 當然也不例外。

抽獎的方式百百種，只要具備隨機性，甚至連手動抽獎也是一個可行的方式，但是一套好的抽獎工具，除了可以省時省力之外，方便成員參加也是一個需要列入考量的因素。

這種類型的機器人，只要設定好抽獎時間、中獎名額，就可以在頻道裡舉辦抽獎活動，時間到了還可以自動的公佈中獎者。如果得獎者事後發現不符合活動資格或是有其他狀況發生，也可以重抽。有些機器人提供更進階的功能，讓管理者設定能夠參與抽獎的身分組，甚至還可以給予某些身分組額外的中獎機會加成，讓管理者可以方便快速的舉辦抽獎活動。

推薦使用的機器人：

1. GiveawayBot 機器人：提供了基礎的抽獎功能。

2. Invite Tracker 機器人：除了抽獎功能之外，還提供了能夠額外設定身分組做為抽獎資格和抽獎加成的功能。

第 **04** 篇

一鍵即可套用的
伺服器模板及場景運用

　　本篇收錄 6 個不同運用情境的 Discord 伺服器模板，
在瀏覽器開啟每章開頭的網址或 QR code 即可快速套用。

　　目前 Discord 的模板仍有諸多限制，只會套用頻道、
身分組及權限的配置；也無法套用「社群伺服器」的設
定，只能使用文字頻道和語音頻道。不過本篇還是會提
供建議的設定方式，供讀者參考並自行設定。

19 個人雲端暫存空間

第 1 個要介紹的 Discord 伺服器模板，是屬於非常個人取向的用法。原則上在這個伺服器裡面的成員只會有自己，不會有其他人，所以可以不顧慮外人眼光的盡情使用整個伺服器，也不用設計身分組。

使用模板的方式為輸入以下的連結或是掃描 QRcode，Discord 會跳出一個創建新伺服器的訊息，創建後會自動套用本章所介紹的模板。

個人雲端暫存空間的模板連結為：https://discord.new/83JhVbgmnRkr

▲ 圖 1　個人雲端暫存空間
伺服器模板 QR code

19-1 伺服器配置一覽

這個伺服器由於目的是個人使用，所以完全沒有身分組和權限的設置。頻道的部分設置了 15 個頻道，分成 3 個類別，分別是「資訊推播」、「個人記事本」、「臨時雲端空間」，以不同的使用場景做為類別的區分。

▲圖 2 「個人雲端暫存空間」
頻道一覽

資訊推播

　　這個類別設置的所有頻道，都是用來接受外部訊息的。只要花點時間，把其他社群工具的重要資訊都連結到自己的個人伺服器，這樣就算很忙碌也能快速瀏覽，不用分別開啟各種軟體來查看。

　　集中資訊到個人伺服器的另一個好處是，可以透過釘選訊息、複製訊息連結等方式（訊息的操作功能可以參考 8-2），進一步整理資訊，保存自己特別在意的訊息。

個人記事本

這部分當成記事的功能，可以依據不同的資訊類型，開啟不同的頻道來使用。

也可以考慮直接把社群伺服器的功能開啟（13 - 2 有開啟社群伺服器的步驟說明），這樣就能夠解鎖「論壇頻道」，可以用不同的標籤來存放不同的資訊。關於論壇頻道的介紹可以翻閱 14 - 2。

臨時雲端空間

因為 Discord 可以同時在不同的裝置上登入同一個帳號，因此如果想要快速的在裝置之間傳輸一些小檔案（像是螢幕截圖），可以直接把檔案丟到頻道中，接著再從另外一個裝置下載。不過要注意，Discord 的免費會員能夠傳送的單一檔案的最大容量是 25 MB，Nitro 會員則是 500 MB，詳細的權益差異可以翻閱 11 - 1。

Discord 另外一個優點就是所有訊息都是無限期保留，包含上傳的檔案也是。因此除了在裝置間可以很方便的互傳檔案之外，也能夠當成是保存檔案的地方。不過這些只是額外衍生的 Discord 使用方式，如果是重要的檔案，建議還是使用真正為了保存檔案而設計的雲端空間服務。

📝 小秘訣 27 - 避免下載圖片被壓縮的方式

如果要下載頻道中的圖片，點開圖片以後不要直接存檔，選擇「在瀏覽器開啟」之後，在瀏覽器下載圖片，會比較接近原始的檔案畫質。

電腦版點開圖片後，可以在圖片的下方找到「在瀏覽器開啟」選項；手機版在點開圖片後，點擊螢幕右上角的三個點點點，可以看到「在瀏覽器開啟」的選項。

19-2 功能設置

追蹤其他伺服器的公告頻道

可以把自己追蹤的其他伺服器的公告頻道訊息都設定發佈於「資訊推播」類別底下的「discord 公告匯集」頻道，或是依照自己的喜好設置多個頻道來接收不同類型的公告。這樣就可以在第一時間收到那些已追蹤公告頻道的同步訊息。關於公告頻道的追蹤功能，可以翻閱 14 - 2 的公告頻道說明。

Webhook 推播

在 18 - 3 介紹過一些有提供資訊推播功能的機器人，能夠追蹤不同的社群媒體帳號，譬如 Instagram、X（Twitter）、YouTube 等等，當所追蹤的社群媒體帳號發佈新的資訊時，就可以在設定接收資訊的頻道中收到同步資訊。除了可以省去打開每個社群平台軟體親自去查看的時間，還能夠把所有想追蹤的社群媒體的訊息都匯聚到自己的 Discord 伺服器中。不過每個機器人能夠支援的社群媒體都不相同，而且免費版本能夠追蹤的帳號數量是有上限的，所以需要花一些時間去找出適合自己的設定。

CHAPTER

20 三五好友聚會的 小型空間

　第 2 個要介紹的 Discord 伺服器模板，是個萬用的伺服器模板，適合用於和三五好友聊天使用，只要稍微調整頻道的名稱來符合討論主題即可。如果想要用於更多人或是更複雜的使用情境，也可以基於這個模板的雛型往上擴增頻道與身分組。

　使用模板的方式為輸入以下的連結或是掃描 QRcode，Discord 會跳出一個創建新伺服器的訊息，創建後會自動套用本章所介紹的模板。

　小型聚會空間的模板連結為：https://discord.new/DGawdeXqFfFm

▲ 圖 1　三五好友聚會的小型
空間伺服器模板 QR code

20-1 伺服器配置一覽

這個伺服器設置有 2 種身分組以及 10 個頻道，分為 3 個類別。

身分組配置説明

用於三五好友聊天聚會的群組，性質非常單純，沒有版主 MOD 維持秩序的需求。「伺服器管理員」身分組，也比較像是負責調整伺服器設定（例如新增表情符號）的角色。

● 「伺服器管理員」身分組：擁有管理伺服器的相關權限，通常會給予創建伺服器的人，但因為伺服器成員都是熟識的人，比較不具有管理上的意義。

● 「親友」身分組：給予親朋好友的身分組，有了這個身分組以後，就可以跟沒有身分組的 everyone 成員做出區隔。

▲圖 2 「三五好友聚會的小型空間」身分組一覽

頻道配置説明

整個伺服器就只是群組聊天的延伸，運用 Discord 頻道的功能，讓不同主題的內容可以在相對應的頻道進行。

● 「資訊」類別的頻道：可以把需要讓大家知道的重要訊息，放置於這個類別的頻道。

● 「文字」、「語音」類別的頻道：所有人都可以閒話家常的地方。

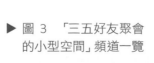

▶ 圖 3 「三五好友聚會的小型空間」頻道一覽

20-2 功能設置

　　這是一個可塑性極高的基礎模板，非常適合第一次自己創建 Discord 伺
服器的人使用。一方面設定相對單純，可以藉此熟悉一下身分組、頻道和
權限的設置，另外一方面也可以自行依據需求擴增身分組與頻道。

CHAPTER 21 以遊戲討論為範例的興趣社團

　　第 3 個要介紹的 Discord 伺服器模板，是以遊戲討論為範例的興趣社團。這個模板適合聚集對於某個領域有深厚興趣的一群人，一起交流討論。如果是其他類型的興趣社團，修改身分組和頻道名稱後也可以使用這個模板。

　　另外，目前 Discord 的伺服器模板只支援開啟「社群伺服器」之前的設定，因此更進階的設定無法透過伺服器模板的功能直接套用，必須由伺服器擁有者或管理者自行設定（可參考 13 - 2 關於社群伺服器的說明）。這個伺服器模板僅是做為興趣社團的基礎雛形。

　　使用模板的方式為輸入以下的連結或是掃描 QRcode，Discord 會跳出一個創建新伺服器的訊息，創建後會自動套用本章所介紹的模板。

　　興趣社團的模板連結為：https://discord.new/Vpw4vRnuDuPc

▲ 圖 1　以遊戲討論為範例
的興趣社團伺服器模板
QR code

21-1 伺服器配置一覽

這個伺服器設置有 6 種身分組以及 16 個頻道，分為 4 個類別。

身分組配置說明

　　雖然是興趣類型的伺服器，但其實大部分都可以再將成員的屬性做更進一步的區隔。以這個遊戲伺服器來說，就是區分成員的遊戲類型喜好。也許有些成員會同時具有多種喜好，譬如卡牌和動作遊戲都喜歡，就可以在同一個伺服器和不同類型的同好交流，也不會導致話題雜亂。透過這種進階的屬性區分，可以讓興趣相近的成員有更多交流的機會。

● 「伺服器管理員」與「版主 MOD」身分組：擁有管理伺服器的相關權限。

● 「機器人」身分組：為了日後邀請其他第三方機器人所預留的身分組，用來分配給機器人，使其能夠取得較高的身分組優先級，才能夠在伺服器中正常運作。詳細的說明可以翻閱 18 - 1 的小秘訣 26 - 創建機器人專用身分組。

● 「卡牌遊戲玩家」、「角色扮演遊戲玩家」、「動作遊戲玩家」身分組：給予喜愛不同遊戲類型的成員，能夠解鎖使用相應的遊戲類型頻道。

身分組 - 6

👤 伺服器管理員

👤 機器人

👤 版主 MOD

👤 卡牌遊戲玩家

👤 角色扮演遊戲玩家

👤 動作遊戲玩家

▲ 圖 2 「以遊戲討論為範例的興趣社團」身分組一覽

頻道配置說明

　　不同遊戲類型的頻道，會設置成只有相對應的身分組才能瀏覽與發佈訊息。對成員來說，這樣就不會看到自己不感興趣的遊戲類型的訊息，可以更專注在自己有興趣的討論上。

● 「資訊」類別的頻道：只有「伺服器管理員」與「版主 MOD」才能夠發佈訊息的頻道，其他身分組的成員只能瀏覽、不能發佈訊息。

● 「文字」與「語音」類別的頻道：除了「一般頻道」和「一般語音」這 2 個頻道是所有人都可以瀏覽與發佈訊息之外，其他「卡牌遊戲」、「角色扮演遊戲」、「動作遊戲」則是要擁有相對應的身分組才能夠瀏覽與發佈訊息。

● 「管理員專用」類別的頻道：只有「伺服器管理員」與「版主 MOD」才能夠瀏覽與發佈訊息。關於管理伺服器需要溝通的內容，像是規則制定、爭議事件處理等等，都會在這些頻道進行溝通。

▲ 圖 3 「以遊戲討論為範例的興趣社團」頻道一覽

21-2 功能設置

　　這個伺服器模板針對不同興趣的成員做了身分組的劃分，不過如果要讓成員可以自助選擇身分組，就需要額外開啟「社群伺服器」（見 13 - 2），並且啟用「培訓功能」（見 15 - 4），才能讓成員透過回答問題來獲得相對應的身分組。以這個使用情境來說，問題會設計為詢問成員感興趣的遊戲類型，依據其所選擇的遊戲類型給予相對應的興趣身分組。

　　設置完培訓功能以後，第一次加入伺服器的成員必須先選擇感興趣的遊戲類型，才能開始瀏覽伺服器的內容。以選擇喜歡「卡牌遊戲」的成員為例，系統會自動給予其「卡牌遊戲玩家」的身分組，這位成員在進到伺服器以後，就只會看到「卡牌遊戲」相關的頻道，不會看到其他類別遊戲的頻道。也可以設定為允許多選，讓成員能選擇複數的遊戲類別，解鎖更多相關的頻道。

CHAPTER 22 以 YouTuber 為範例的粉絲回饋社群

　　第 4 個要介紹的 Discord 伺服器模板，是以 YouTuber 為範例的粉絲回饋社群。這個模板非常適合內容創作者用來經營鐵粉社群使用，不論是實況主、文字創作者或是影音創作者都相當適合。通常會加入這種伺服器的人，一定是想要接收到更多關於創作者或是某些特定主題內容，又或者是想要與創作者或擁有相同價值觀的人一起互動交流。

　　使用模板的方式為輸入以下的連結或是掃描 QRcode，Discord 會跳出一個創建新伺服器的訊息，創建後會自動套用本章所介紹的模板。

　　粉絲回饋社群的模板連結為：https://discord.new/4tdf2h6sNBpd

▲ 圖 1　以 YouTuber 為範例的粉絲回饋社群伺服器模板 QR code

22-1 伺服器配置一覽

這個伺服器設置有 6 種身分組以及 15 個頻道，分為 5 個類別。

身分組配置說明

這種類型伺服器的目的，主要是培養忠實的粉絲（又稱為鐵粉），因此數量在精不在多。因為 Discord 的互動性很強，所以一旦下定決心經營此種類型的伺服器，請一定要撥出時間與成員互動。會員裡面又以「頻道專屬會員」最為寶貴，因為這些人是有掏出真金白銀支援創作者的人。

● 「伺服器管理員」與「版主 MOD」身分組：擁有管理伺服器的相關權限。

● 「機器人」身分組：為了日後邀請其他第三方機器人所預留的身分組，用來分配給機器人，使其能夠取得較高的身分組優先級，才能夠在伺服器中正常運作。詳細的說明可以翻閱 18 - 1 的小秘訣 26 - 創建機器人專用身分組。

身分組 - 6

伺服器管理員

機器人

版主 MOD

頻道專屬會員

活躍會員

會員

● 「頻道專屬會員」身分組：給予有加入 YouTube 頻道專屬會員的成員，能夠參與專屬的頻道，獲得獨家內容。

● 「活躍會員」與「會員」身分組：給予一般成員的身分組，不過「活躍會員」比起「會員」擁有更多的發佈權限，像是連結、附加檔案等等都是活躍會員才有的權限。

▲ 圖 2 「以 YouTuber 為範例的粉絲回饋社群」身分組一覽

頻道配置說明

　　會加入伺服器的成員通常都有較強的互動或是資訊獲取動機，因此要盡量確保在伺服器裡有足夠即時的動態更新，至少要包含其他公開社群媒體帳號發佈的資訊（在 18-3 介紹過一些提供資訊推播功能的機器人，能夠追蹤不同的社群媒體帳號）。或者是創作者與經營團隊要比較即時的與社群成員進行互動，尤其如果設立了「訂閱者專屬」頻道，盡可能要滿足在互動上或內容上的「獨特」感受，例如新內容的搶先曝光、獨有的抽獎活動等等，都是能夠提高成員續訂意願的誘因。

● 「資訊」類別的頻道：只有「伺服器管理員」與「版主 MOD」才能夠發佈訊息的頻道，其他身分組的成員只能瀏覽、不能發佈訊息。

● 「訂閱者專屬」類別的頻道：擁有「頻道專屬會員」身分組的成員才可以參與的頻道，也是 YouTuber 可以提供獨特內容、創造出訂閱價值的核心區域。

● 「主要交流區」與「語音」類別的頻道：所有人都可以瀏覽與發佈訊息的地方。

● 「管理員專用」類別的頻道：只有「伺服器管理員」與「版主 MOD」能夠瀏覽與發佈訊息。關於管理伺服器需要溝通的內容，像是規則制定、爭議事件處理等等，都會在這些頻道進行溝通。

▲ 圖 3　「以 YouTuber 為範例的粉絲回饋社群」頻道一覽

22-2 功能設置

在 15-3 的「小秘訣 17 - 如何為 YouTube/Twitch 頻道訂閱會員設定專屬身分組」，有說明如何連接 YouTube 與 Discord 帳號，在 Discord 中設定一組由系統自動判定的「已連結身分組」。不過每個付費加入 YouTube 頻道專屬會員的成員，也需要將自己的 YouTube 與 Discord 帳號連接，才能成功取得「頻道專屬會員」身分組。

只有這些取得「頻道專屬會員」身分組的成員才能夠瀏覽及參與在「訂閱者專屬」類別的頻道裡所發佈的內容。利用這種方式就可以透過 Discord 的機制提供有訂閱 YouTube 頻道的成員獨家內容及專屬交流頻道。

利用 Discord 的權限功能，可以讓不同身分組的成員看到不同的頻道，同時又可以設定一些共用的頻道讓不同身分組的成員也能一起交流。如此一來有以下幾點好處，是其他社群軟體無法辦到的：

1. 訂閱以及尚未訂閱 YouTube 頻道的成員都可以在同一個伺服器中交流，但不影響訂閱的成員可以擁有獨家內容及專屬交流頻道的權益。其他社群軟體可能就需要開兩個獨立的群組來應對有訂閱和沒訂閱的受眾，而且兩者沒有辦法直接交流。

2. 透過適當的宣傳及內容安排，讓伺服器中尚未訂閱 YouTube 頻道的成員知道還有「獨家內容及專屬交流頻道」的存在，增加這些人訂閱的誘因。

CHAPTER 23 以課程教學為範例的 分組討論

第 5 個要介紹的 Discord 伺服器模板，是以課程教學為範例的分組討論。這種模板適合使用於任何涉及到分組的活動，除了課程的分組，辦公室不同團隊的協作也能夠運用此種模板做為基礎架構，只要修改身分組和頻道名稱即可使用。

使用模板的方式為輸入以下的連結或是掃描 QRcode，Discord 會跳出一個創建新伺服器的訊息，創建後會自動套用本章所介紹的模板。

分組討論空間的模板連結為：https://discord.new/h8SRhu4RjdmC

▲圖 1 以課程教學為範例的分組討論伺服器模板 QR code

23-1 伺服器配置一覽

這個伺服器設置有 5 種身分組以及 17 個頻道，分為 6 個類別。

身分組配置說明

在分組的場合，一般都是小組內的成員之間會有比較密切的互動與討論需求，組跟組之間則是在成果發表、小組競賽等等活動才會有互動。因此透過身分組的設計，讓各個組別擁有不受其他組別干擾的頻道可以進行討論；「老師」身分組可以看到所有小組的頻道；「小老師 MOD」身分組則是依據需求，看看是否要給予能看到所有小組討論頻道的權限。

● 「老師」與「小老師 MOD」身分組：擁有管理伺服器的相關權限。

● 「第 1 組學生」、「第 2 組學生」、「第 3 組學生」身分組：給予不同組別的成員，依據需求可以自行擴增更多不同的組別。

▲圖 2 「以課程教學為範例的分組討論」身分組一覽

頻道配置說明

頻道的部分包含所有小組成員都可以參與的公共區域，以及只有同組成員才能參與的小組區域。

● 「資訊」類別的頻道：只有「老師」與「小老師 MOD」才能夠發佈訊息的頻道，其他身分組的成員只能瀏覽、不能發佈訊息。

● 「交流廣場」類別的頻道：所有人都可以瀏覽與發佈訊息的地方。

● 「第 1 組」、「第 2 組」、「第 3 組」類別的頻道：擁有相對應組別的身分組才能夠瀏覽與發佈訊息。

● 「老師專用」類別的頻道：只有「老師」與「小老師 MOD」能夠瀏覽與發佈訊息。關於管理伺服器需要溝通的內容，像是規則制定、爭議事件處理等等，都會在這些頻道進行溝通。

▲ 圖 3 「以課程教學為範例的分組討論」頻道一覽

23-2 功能設置

設置舞台頻道

雖然用語音頻道就可以像 Google Meet、Skype 等會議工具一樣，進行線上的課程教學；但遇到參與者的麥克風收到雜音，或是需要指定參與者發言的狀況，都沒辦法很便捷的操作。如果使用舞台頻道的話，講者就能有效的控管上台發言的人。不過伺服器管理者需要先開啟社群伺服器（在 13 - 2 有詳細的說明），才能創建舞台頻道。關於舞台頻道特性的說明在 14 - 2。

語音頻道的分享螢幕功能

在語音頻道中的每個人，都可以分享自己的螢幕畫面來進行直播。如果課堂上需要觀看學生的螢幕並給予指導，可以請學生輪流進到語音頻道分享自己的畫面。關於語音頻道分享螢幕的說明，可以翻閱 14 - 2。

CHAPTER 24 以產品支援為範例的多語言社群

　　第 6 個要介紹的 Discord 伺服器模板，是以產品支援為範例的多語言社群。這種模板適合 2 種使用場景，一種是廠商與消費者有溝通的需求，同時廠商也需要讓消費者彼此之間互相交流；另外一種使用場景是同樣主題的社群，裡面包含不同語言的使用者，可以將使用語言做成身分組來區隔使用者能夠看到的頻道。

　　伺服器中的身分組與頻道名稱皆使用中文，目的是為了方便理解。如果要實際運用此伺服器模板的話，記得將每種語言的身分組與頻道名稱改為相對應的語言。

　　使用模板的方式為輸入以下的連結或是掃描 QRcode，Discord 會跳出一個創建新伺服器的訊息，創建後會自動套用本章所介紹的模板。

多語言社群的模板連結為：https://discord.new/mrvjHdtkkvGg

▲圖 1 以產品支援為範例的多語言社群伺服器模板 QR code

24-1 伺服器配置一覽

這個伺服器設置有 8 種身分組以及 17 個頻道,分為 5 個類別。

身分組配置說明

語言也能夠做為區隔身分組的一種參數,如此一來就可以在同一個伺服器裡面經營多種語言的社群,具備多語能力的成員也能更方便使用。另外也可以招募不同語言的活躍會員,透過他們來協助社群的運作。

● 「產品團隊」、「中文版主 MOD」、「英文版主 MOD」、「日文版主 MOD」身分組:擁有管理伺服器的相關權限。

● 「機器人」身分組:為了日後邀請其他第三方機器人所預留的身分組,用來分配給機器人,使其能夠取得較高的身分組優先級,才能夠在伺服器中正常運作。詳細的說明可以翻閱 18 - 1 的小秘訣 26 - 創建機器人專用身分組。

● 「中文使用者」、「英文使用者」、「日文使用者」身分組:給予使用不同語言的成員,依據需求可以自行擴增更多不同的語言。

身分組 - 8

- 產品團隊
- 機器人
- 中文版主 MOD
- 英文版主 MOD
- 日文版主 MOD
- 中文使用者
- 英文使用者
- 日文使用者

▲ 圖 2 「以產品支援為範例的多語言社群」身分組一覽

這個伺服器模板是以產品支援為出發點，因此頻道名稱設定成可以讓成員做自我介紹的「自介閒聊」、可以讓大家自由討論產品使用心得與功能的「功能討論」、可以針對遇到的使用問題提出求助或回報的「問題回報」，可以依據團隊實際的需求修改頻道名稱進行使用。

● 「資訊」類別的頻道：只有「產品團隊」才能夠發佈訊息的頻道，其他身分組的成員只能瀏覽、不能發佈訊息。

● 「中文討論區」、「英文討論區」、「日文討論區」類別的頻道：擁有相對應語言身分組才能夠瀏覽與發佈訊息。

● 「管理員專用」類別的頻道：只有「產品團隊」能夠瀏覽與發佈訊息；「中文版主 MOD」、「英文版主 MOD」、「日文版主 MOD」只能看到相對應語言的溝通頻道。關於管理伺服器需要溝通的內容，像是規則制定、爭議事件處理等等，都會在這些頻道進行溝通。

▲ 圖 3 「以產品支援為範例的多語言社群」頻道一覽

24-2 功能設置

　　這個伺服器模板針對使用不同語言的成員做身分組的劃分，因此需要額外開啟「社群伺服器」（見 13 - 2），並且啟用「培訓功能」（見 15 - 4），才能讓成員透過回答問題來獲得相對應的身分組。以這個使用情境來說，問題會設計為詢問成員的慣用語言，依據其所選擇的語言給予相對應的語言身分組。

　　設置完培訓功能以後，第一次加入伺服器的成員必須先選擇習慣使用的語言，才能開始瀏覽伺服器的內容。以選擇使用「英文」的成員為例，系統會自動給予其「英文使用者」的身分組，這位成員在進到伺服器以後，就只會看到「資訊」以及「英文討論區」這兩種類別及頻道，不會看到「中文討論區」、「日文討論區」及「管理員專用」這些類別的頻道。

　　不過此模板並沒有針對「資訊」類別的頻道設定不同的語言，管理者可以參考以下 3 種不同的做法來發佈「資訊」類別的訊息：

1. 以最通用的英文來發佈所有出現在「資訊」類別的訊息。

2. 所有「資訊」類別的訊息都同步以中文、英文、日文版本來發佈（依據伺服器需要的語言做調整）。

3. 額外將「資訊」類別的頻道比照「討論區」用語言做區隔，設立「中文資訊」、「英文資訊」、「日文資訊」，這種做法可以讓每種語言的使用者擁有最佳的體驗，但也需要管理團隊在訊息發佈上花費三倍的時間。

第 **05** 篇

實例放大鏡 -
伺服器案例分享

　　本篇訪問了 5 個長期經營的 Discord 社群，從他們的親身分享中瞭解 Discord 能夠為社群帶來什麼樣的效益，又會面臨什麼樣的困難。

　　社群的經營目標、目標成員都不盡相同，因此會有不同的使用情境與挑戰。這一篇的內容特別提供給想要自己打造 Discord 社群的讀者，期望能從不同屬性的社群中得到一些靈感與啟發。

SoBaD 的《星海爭霸》遊戲交流群

　　SoBaDRush（張軒齊）是擁有 20 多年資歷的《星海爭霸》系列遊戲玩家，一路上從選手、賽評到現在全職經營自媒體，始終都與《星海爭霸》有著深厚的羈絆。2023 年從電玩直播平台 Twitch 的工作離職後，即開始投入在自己的 YouTube 頻道經營，長期維持一週發佈 5 支《星海爭霸》相關影片的更新頻率，廣受觀眾的好評與喜愛；並創立了名為「SoBaD 遊戲交流群」的 Discord 伺服器，讓喜歡《星海爭霸》系列遊戲的玩家，能夠有一個不論遊戲實力如何，都能夠暢所欲言、自由交流的空間。

　　SoBaD 遊戲交流群伺服器邀請連結：https://discord.gg/UxjybkkGCh

Q：開始使用 Discord 經營社群的契機是什麼？

　　身為遊戲玩家，我其實從很早以前就開始使用 Discord 這個軟體。之前在 Twitch 工作的時候，由於職務的關係，經常需要舉辦電子競技相關的賽事；Discord 能夠創立多個頻道的特性，加上又能夠切分成文字、語音頻道，對於舉辦賽事來說，是個非常方便使用的工具。包括賽前規劃、賽事

協調、比賽轉播，基本上所有關於溝通的比賽事項，透過一個 Discord 伺服器就能夠搞定。

在確定要以《星海爭霸》內容開始經營 YouTube 頻道的時候，就希望能夠提供玩家一個可以自由交流喜愛遊戲的討論空間。另外我也發現像是《星海爭霸》這種進入門檻比較高的遊戲，其實很多既有的社群都會排擠新人；因為新人遊戲技術通常不那麼好，對於遊戲的理解也比較淺，往往很難融入既有的社群。我希望可以打破這樣的隔閡，讓遊戲社群不是只有遊戲實力強的人才能大聲說話，而是只要對這個遊戲有愛的人，都能夠一起暢所欲言、自由的與其他玩家交流，於是就成立了「SoBaD 遊戲交流群」。

Q：經營社群有沒有遇到什麼比較棘手的狀況？

我覺得要形塑一個社群的價值觀是一件蠻不容易的事情，因為在社群之中，管理者的所作所為，都是建立價值觀的過程，在這個過程中可能會與社群成員產生一些摩擦，不過這些摩擦都是必須的。如果有人違反了管理者訂定的社群規範，身為管理者卻沒有任何作為，不論是因為太忙沒有看見，或是其他任何的原因，社群裡的其他成員都可能會解讀成是默許這樣的事情發生。只要種下了先例，那麼後續類似的情況就可能會一再發生。所以只要有人違反社群規範的時候，就必須為了捍衛規範來做出相對應的處置，這樣大家才會知道在這個社群裡面哪些事可以做、哪些事不能做。

像是我的社群規範裡面，就有禁止人身攻擊以及尊重不同實力人士的規範。只要有違反規範的事情發生，最重的處罰就是封鎖帳號。但是只要涉及到人與人之間的溝通，很多事情在判定上，就沒辦法維持全然的客觀，所以在處置上，或多或少都會與社群成員產生一些摩擦。有了相關的判決先例產生，後續再發生類似的情況，其實版主們就能夠依據相同的規範來執行應有的處置了，最難的是一開始形塑的過程。

雖然乍聽之下似乎有點霸道，不過因為這是我所創立的社群，所以我的原則就是「如果你不認同這樣的社群規範，你可以離開這個社群，但是一旦你在這個社群裡面發言，就需要遵守這個社群所設定的規範」。也只有這樣，才能確保在我的社群保有「不論遊戲的實力如何，大家都能夠暢所欲言、自由交流」的風氣與價值觀。

Q：在招募版主的時候，有設定什麼樣的招募標準嗎？

　　我給版主們的主要職責，是維持社群裡面的秩序，確保沒有人違反社群規範，除此之外我賦予版主們很高的自主權。主要的招募標準有以下 2 點。

　　第 1 點，版主不一定需要是我的粉絲，但是最低標準是不能討厭我。因為版主的所做所為在很多面向上代表的就是這個社群的價值觀，他們必須也要認同我經營社群的理念與價值觀，如此才能做出符合這個價值觀應有的處置。如果是一個討厭我的黑粉卻當上了版主，那麼我很難想像他會在社群裡做出什麼可怕的事情來。

　　第 2 點，版主需要在社群裡擁有較高的活躍度。因為版主有更多的機會和社群的所有成員打交道，一定需要有足夠的積極度，所以這一點對我來說是非常重要的。如果本身還有一些管理社群的經驗，那也會很加分；但經驗可以累積，所以並不是必須的。

Q：做為 Discord 的使用者與 Discord 社群的管理者，兩者在使用上有感受到什麼差異？

我覺得 Discord 的優點跟缺點都一樣，就是功能太強大。如果只是作為使用者或是目的很清楚的情況下使用，可以很快速的達到目的，但是如果是經營任何人都可以加入的公開社群，那麼事情的複雜度就不可同日而語了。

以前在工作中舉辦電競賽事的時候，雖然也創建過許多不同專案使用的 Discord 伺服器，不過目的相對單純。因為涉及的人數相對少，而且每個人都有不同的職責，只要建立好不同功能的頻道後，確保所有人都有充分的溝通，而且清楚知道自己的工作內容，那麼基本上就不太會出差錯了，大家都會知道在什麼情況下要去哪一個頻道做什麼事情。

但是當使用情境變成經營一個公開社群的時候，那個進入門檻就完全是另外一個等級了，需要花不少時間和精力去學習如何操作。我還記得一開始只是要設定一個公告頻道的權限；我的想法很簡單，就是要讓一般成員無法在公告頻道裡面發訊息，但是當我打開權限設定的時候，數十項的權限展開在眼前，每一個權限都還有勾勾、斜線和叉叉可以選擇，瞬間我就陷入了「我是誰、我在哪裡」的迷茫狀態，想不到能設定的內容區分得如此精細。這個真的需要花一些時間研究，才會知道每一個設定會影響到什麼功能。而且我提到的還只是基本的權限設定，其他更進階的使用技巧，真的不是一時半刻可以學會的。

最後感謝 SoBaDRush 分享在全職投入自媒體經營後的社群經驗分享。

雷蒙三十的
生活黑客社群

　　《雷蒙三十》經營了一個只有付費會員才能加入的社群：名為「生活黑客群島」的 Discord 伺服器。在這個島上除了有機會直接與雷蒙互動，也能夠與來自各行各業的付費會員互動交流。生活黑客群島既是《Notion 訓練營》的課後交流社群，也是學生和助教可以隨時討論請益的交流空間。另外，最新的《生活黑客之路》會員限定文章也會分享在伺服器內的專屬頻道中。在這裡不僅處處都有內容寶藏等著島民去挖掘，也有由島民自行發起的各式活動，儼然已經形成了一個由《雷蒙三十》及島民們一起共建的社群生態系。讓我們來看看雷蒙與柚子是如何運用 Discord 打造出高活躍的學習社群。

Q：能不能介紹一下《雷蒙三十》是個什麼樣的品牌？

　　《雷蒙三十》是由我，也就是雷蒙（侯智薰）所創立的。我的老婆柚子（宋芷佑）也協助我一起共同經營這個品牌。

　　這個品牌目前為止推出了包含《雷蒙週報》、部落格、Podcast 及 YouTube 等等向大眾公開的內容，另外也有付費才能瀏覽或參與的內容，包含每週一則的《生活黑客之路》文章及《Notion 訓練營》課程。

　　品牌的核心理念是希望每個人都能從數位工具中獲得力量，在享受科技的同時，重拾生活的掌握感，成為生活黑客。

《雷蒙三十》從創立之初，就鎖定熱愛數位生活、渴望提升生活品質和工作生產力的人群。在這個定位主軸之下，有非常多的內容和議題可以分享與討論。因此曾經先後嘗試了許多不同的社群經營平台，包含 Facebook 社團、LINE 群組，但效果都不盡理想，最後才找到了各種需求與運用場景都兼容的社群平台 - Discord。

經營 Facebook 社團時，曾經因為 Facebook 在 2020 年給予社團發文很多曝光紅利，讓那時期的社團擁有很好的文章觸擊與留言互動率。但好景不常，Facebook 演算法調整得非常頻繁，在某次調整後，社團曝光紅利消退，導致很多社團會員經常無法在個人動態牆上看到社團發佈的內容，造成社團發文效果不佳，精心撰寫的內容可能因為演算法的關係根本沒人看到，也導致會員根本沒有互動交流的機會。這些因素影響之下，必須另尋他處，找一個更可控的社群媒介。

後來嘗試使用了 LINE 群組，雖然沒有演算法的觸及問題，但是因為群組內涵蓋的討論主題太多，會員們討論的話題容易被其他中途出現的其他話題打斷，無法深度討論。還曾經嘗試針對不同的功能用途設立不同的群組，但不同群組的切換操作太繁瑣，而且使用體驗的中斷感受太強烈，加上這樣要兼顧的群組實在是太多了，反而讓用戶覺得複雜和混亂。所以之後 LINE 社群變成我出去講課時，對我有興趣的人掃一下 QRcode 就能加入的群，跟《雷蒙週報》一樣屬於漏斗上層，提供免費內容、建立信任。

後來發現了 Discord 這個軟體。因為 Discord 本身沒有推薦演算法，也可以建立多個頻道來討論不同的主題，所以在前面遇到的問題都有效的獲得解決。另外檔案不會過期、重要訊息能釘選，甚至還有舞台跟語音頻道，能讓社群成員自主舉辦分享活動。

負責《雷蒙三十》社群經營的柚子也補充表示，Discord 對於分組討論、協作的社群特別適合，而且在切換頻道的體驗上非常流暢，不會有 LINE 在群組之間切換的那種抽離感。再加上即使在 Discord 伺服器裡切換了頻道，所有的會員也還是在同樣的伺服器裡面，不會發生會員分散在不同群組、訊息又不同步，需要一個訊息多處發送的複雜狀況，這讓所有的溝通都可以在同一個伺服器裡面完成。

我認為每個軟體都有自己的優缺點，但使用者要從需求出發去找工具，不能只是為了使用而使用。能夠解決需求痛點的那個產品，才是最適合自己的產品。所以在尋找工具之前，要先釐清自己想要解決的需求是什麼。

Q：除了可以滿足多元溝通需求之外，Discord 還有哪些特色？

比起單向傳播的學習方式，我個人推崇網狀互動的學習方式。有了會員的互相支持、分享與包容，在學習的路上成就彼此，大家才能一起走得更遠，這也是當初積極尋找社群工具的原因之一。

Discord 跟很多社群軟體很不一樣的地方，在於有極高的客製化彈性，這個特性也衍生出極高的可共創性。其實「生活黑客群島」（雷蒙的 Discord 伺服器名稱）一開始並沒有像現在那麼豐富的頻道和討論串，都是一路上和社群會員們一起共創出來的。

▲ 圖 1 伺服器中豐富的頻道和討論串

　　譬如像是「親子・黑客爸媽」這個討論串，就是當初看到很多爸媽在討論關於小孩的教育、取名等等的話題，我們發現很多為人父母的會員都對這樣的話題感到有興趣、願意參與討論，於是就成立了這個討論串讓大家可以在裡面盡情的聊個夠。很多伺服器裡的頻道和討論串的出現，都是以這樣的模式誕生的，先觀察到會員有討論的需求、或是有會員提案通過，接著才會成立。伺服器除了頻道、討論串之外，包含身分組、身分組的圖案、發起的活動等等，有很多內容都是會員們一起共創出來的，沒有這些會員就不會有大家今天所看到的 Discord 伺服器。

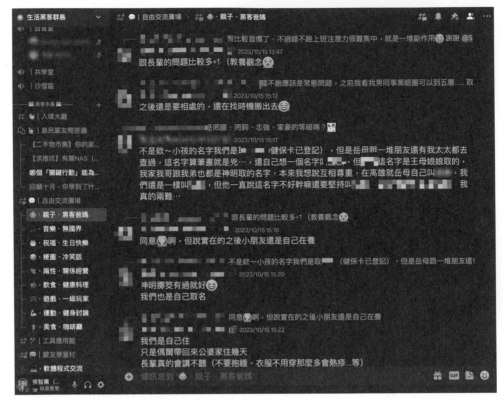

▲ 圖 2 「親子‧黑客爸媽」討論串的熱烈討論

Q：每天有那麼多訊息，怎麼管理日益茁壯的社群？

　　的確，隨著整個 Discord 的會員越來越多，整個伺服器的討論內容和管理難度也不斷的提高。我認為一個健康的社群不能只是靠單方面的管理，而是要讓社群成員互助，讓他們在這邊有存在感還有歸屬感，因此「島嶼守護者」這樣的 Discord 身分組就誕生了。可以想像是社區大樓的「管委會」，大家因為認同、希望幫助這個社區而聚在一起；雖然是無給職，但是會擁有一些伺服器裡的管理權限，包含創建討論串、發起活動、「島委會」等專屬頻道參與權等等。「島嶼守護者」還可以發起提案，在伺服器

裡面做一些有趣的專案，譬如舉辦狼人殺活動、發起交換日記、舉辦每週的主題語音聊聊等等，透過這些賦能給會員的方式，讓整個伺服器成為一個更有溫度及歸屬感的地方。

Q：如何形塑一個社群的文化？

「生活黑客群島」是限定只有付費成員才能加入的伺服器，目前有 2 種加入管道，分別是《生活黑客之路》訂閱用戶及《Notion 訓練營》學員。透過付費的這道篩選機制，使得願意花錢加入的成員通常都是擁有強烈學習動機的人，因此即便之前沒有使用 Discord 的經驗，都會認真的閱讀我們為了會員準備的超詳細「Discord 教學手冊」，內容手把手的教大家基本的 Discord 操作以及說明整個伺服器的頻道和身分組配置。由於平常《Notion 訓練營》的上課內容、課程討論、作業繳交都會使用 Discord，因此 Discord 也是學員日常需要經常駐足的地方，長久下來大家都培養出持續在「生活黑客群島」互動的習慣。

「生活黑客群島」還有一個很特別的地方，因為大家都是付費會員，所以我和柚子都認識每一位學員，對於每個人的背景有一定程度的了解。這樣的好處就是，如果頻道裡有某些討論話題卡住的時候，就可以適時的把最了解這個話題的成員 cue 出來，除了讓討論可以繼續延伸之外，也能讓社群成員發揮所長，同時增加社群成員之間的交流機會，可以說是一舉數得、活絡社群的好方法。

由於成員大多都擁有終生學習的價值觀，大家非常願意在群組裡面分享各種資訊與心得，慢慢的也在伺服器裡面累積了許多有價值的資訊。我們聽到有不少成員形容「生活黑客群島」就像是一個大寶庫，裡面有很多珍貴的資訊可以挖掘，譬如有許多成員發自內心的產品真實情境應用心得，而不是像其他網路論壇已經被統一公板的業配文佔據。所以現在大家都會

習慣在島上先問、先搜尋，也造成社群的真實分享和熱度。伺服器裡很多成員也發展出了真實的情誼，甚至還會舉辦實體聚會，大家更願意在這個封閉的社群裡面說出真實的感受。

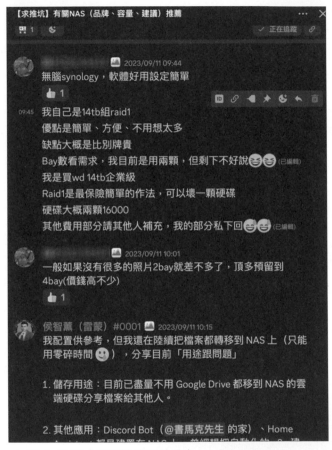

▲ 圖 3 社群成員真誠的經驗分享

Q：經營 Discord 社群有沒有遇到什麼樣的挑戰？

主要有兩個比較大的挑戰：

1. 封閉社群的能見度挑戰

「生活黑客群島」是付費會員才能加入的社團，裡面每天都有許多的互動和內容在發生，對於伺服器內的人來說是多采多姿的；但對於無法一窺社團的外部世界來說，這些精采的內容就跟不存在一樣，一般使用者對於伺服器內的狀況是一無所知的。整個品牌在市場上的行銷力度和能見度都會因為有一道付費牆的存在而大打折扣，很多時候只能透過會員以口碑的方式做傳播。

對此我們也在思考，是否要利用 Discord 權限的功能，把少部分的精彩內容分享給一些尚在外圍觀望的非付費會員，但現階段還沒有構思出足夠完整的配套方案來實現這樣的計畫，不希望為了吸引外部的使用者，而犧牲了原本付費會員的任何權益。

2. 如何在壯大的同時保有初心

另外一個挑戰是價值觀這件事情。隨著社群會員人數不斷的成長，各式各樣的人不斷的加進來，不同的想法固然可以碰撞出許多不同的火花，但是如何讓整個社群的核心價值觀能夠持續保持初心，並且不斷的傳承下去，這是我們每天都在面臨與思考的問題。

> 最後感謝「雷蒙」與「柚子」讓我們有機會一窺這個付費會員才能體驗的社群，感謝他們不藏私的與大家分享一路走來的社群經營經驗。

CHAPTER 27 去中心化內容創作平台 Matters 的 Web3 創作者社群

　　Matters（又稱為馬特市）是一個創立於 2018 年的去中心化內容創作與公共討論平台，創作者可以透過電子信箱或是加密貨幣錢包免費註冊 Matters 帳號，並且在平台上自由的發佈任何內容，與大家所熟知的網路創作平台在性質上非常相近，例如 Medium、方格子 vocus。Matters 特別的地方，在於所有發佈的創作內容，都透過分散式儲存技術儲存於不同的網路節點，理論上創作者對於自己發佈的作品有完全的控制權，能夠不受中心化組織的審查或是刪除，讓創作者的獨立性獲得更多的保障。

　　Matters 團隊經營的「Matters Lab」Discord 伺服器開放給任何人自由加入。這裡除了讓 Matters 使用者能夠與 Matters 團隊直接互動之外，也有一群樂於分享 Web3 相關資訊的共建者與成員在這裡活躍著。

Matters Discord 伺服器邀請連結：https://discord.com/invite/matterslab

Q：Matters 開始使用 Discord 經營社群的契機是什麼？

在 2021 年末，Matters 發佈了首個 NFT 系列 - Traveloggers（旅行記錄者）。因為 Discord 支援很多功能不同的第三方機器人，其中也包含了能夠讓使用者將 Discord 帳號與加密貨幣錢包綁定，藉由驗證使用者的加密貨幣錢包是否持有特定的 NFT 來給予特定身分組的功能，因此我們也順勢開始使用 Discord 來經營屬於 Traveloggers 持有者及 Matters 使用者的社群。

Discord 具有設定不同身分組與權限的機制，還有第三方開發的自動化驗證加密貨幣錢包的機器人功能，因此在 2021 到 2022 年這個區塊鏈及 NFT 成為市場當紅炸子雞的期間，Discord 幾乎成了所有區塊鏈團隊都必須使用的社群平台。區塊鏈產業特有的去中心化特性，使得凝聚社群力量這點變得格外重要。

Q：NFT 的熱度在 2022 年之後消退許多，社群有相應的調整嗎？

隨著區塊鏈及 NFT 的市場冷卻，許多原本活絡的 NFT Discord 社群也漸趨冷清，甚至有些團隊成員直接人間蒸發也是屢見不鮮。不過 Matters 擁抱去中心化精神的這點一直都沒有改變，團隊認為未來的區塊鏈技術應該要能夠融入人們的日常生活、幫助人們擁有更好的生活體驗，因此也不斷的在 Discord 嘗試擴展更多元的話題、舉辦各種不同的活動，除了持續的分享最新的 Web3 相關知識與資訊之外，也納入了更多與創作者經濟、日常生活相關的話題討論與活動。

活動資訊　　62 人有興趣　　　　　　　　　　　　✕

🗓 2023/09/22

IMO 9/22 20:00 @瓦基：創作的底蘊！瓦基的「筆記系統」一路上迭代、優化的過程

🎭 Matters Lab

🔊 🎸 | 自由二台

👥 62 個人有興趣

🗿 由 閱讀筆耕 Leo 建立

本期【創作者經濟 IMO】語音活動邀請到了自媒體「閱讀前哨站 Website」、「下一本讀什麼 Podcast」主持人，也是《只工作、不上班的自主人生》作者瓦基。

最初，瓦基任職於台積電主管的職位。閱讀與寫作一開始只是他的斜槓，漸漸地，成為了他生命中的熱愛，變成了他的本業，也開枝散葉成各種變現的管道。

▲ 圖 1 Matters Lab 伺服器邀請過許多創作者到 Discord 語音頻道進行分享

　　Matters 團隊也發起共建者的活動，招募 Discord 伺服器中活躍的內容創作者，給予他們自由發揮的空間，包含鼓勵自發的舉辦分享會、資訊交流、語音閒聊等等活動，主題不再限於 Web3 相關的議題。在伺服器的活動資訊可以看到這麼多豐富的活動內容，都是共建者們投入相當多時間與精力策劃出來的。

⚙ **Matters Lab**　　　∨

等級 3　　　　　15 加成 ›

🗓 12 場活動

♯ 瀏覽頻道

▲ 圖 2 Matters Lab 伺服器左上角滿滿的活動行程

Q：使用 Discord 經營社群的過程中，有哪些特色是特別值得分享的？

中心化與去中心化平台間的互補

中心化的概念是指一個中央實體有權控管所有使用旗下服務的帳號與內容。以 Discord 為例，使用者的帳號與所創立的 Discord 伺服器，如果違犯了使用者規範或社群守則的話，Discord 公司有權對帳號及伺服器採取相對應的措施，譬如刪除帳號及伺服器，這是目前我們所熟知大部分網路服務的運作模式。去中心化的概念中，沒有所謂的中央實體，每個人都享有相等的權力，所有發佈的內容也因為分散式儲存技術儲存於不同的網路節點，能夠不受中心化組織的審查或是刪除，這是 Matters 的運作模式。

所有在 Matters 上面發佈的內容都是透明公開的，目前也沒有傳送私人訊息的功能。因此如果要透過 Matters 來聯繫官方或是向官方團隊提出建議，主要有兩種方式，一種是直接在 Matters 官方發佈過的文章底下留言，另外一種方式是透過電子信箱來傳遞訊息。

不過因為我們有營運 Discord 伺服器，使用者也可以加入 Discord 伺服器與我們或是其他使用者進行即時的互動。

在 Discord 上舉辦的社群活動，我們也會透過 Matters 的官方帳號以文章的形式發佈於 Matters 平台上，讓 Discord 社群可以被更多 Matters 使用者看見；而 Matters 平台上很多優秀的創作內容，也會透過 Discord 裡面定期舉辦的主題徵選活動，讓創作者獲得額外獎勵，同時在社群裡也可以有更深度的討論。我們希望以這樣的形式，讓 Matters 平台上的內容與 Discord 社群的互動產生更多的火花。

自由交流的氛圍就像交誼廳遇到朋友

我們招募的共建者會定期在 Discord 舉辦活動，以舉辦次數最多的「夜話」系列活動來說，其目的就是讓社群裡有一個能夠輕鬆交流的空間，而 Discord 語音頻道的特性正好適合這樣的活動。

不像其他會議軟體舉辦會議的時候需要一個特定的連結才能加入，Discord 語音頻道更像是一個交誼廳的概念，在同一個伺服器的成員可以毫無壓力的想來就來、想走就走，就像是在交誼廳裡看到了熟識的朋友，進到語音頻道與朋友說聲嗨，然後閒聊一會就離開繼續去忙自己的事情。當然有些時候也有像是分享會、小論壇那種交流性質比較強的活動，成員可以依據自己感興趣的程度來決定要不要參與。

依照需求可自行擴增的機器人功能

Discord 有豐富的第三方機器人提供各種各樣的功能，可以依據伺服器不同的需求來自行安裝（邀請）需要的機器人。

目前有用到像是 Ticket Tool 這種能夠做為客服系統的機器人，讓使用 Matters 遇到各式疑難雜症或是想要提出合作的人能夠到「Open-a-ticket」的頻道，透過開票來與團隊直接溝通。另外伺服器中也有使用 Giveaway、Dyno 機器人的抽獎功能，能夠方便快速的舉辦社群抽獎活動。

Q：在經營 Discord 社群有遇到哪些挑戰？

較高的使用者進入門檻

早期加入 Matters Discord 伺服器的成員，很多是對於區塊鏈領域比較熟悉的使用者。他們多半參與不只一個 Discord 伺服器，而且也在 Discord 建

立了自己的交友圈。操作 Discord 對這些人來說是駕輕就熟的，不構成任何進入門檻。

在 Matters 的 Discord 開始轉型討論更多元的主題之後，有吸引到一些對於創作比較感興趣的使用者，又或者原本就是 Matters 的使用者。他們之前不一定有使用 Discord 的經驗，這些人需要比較長的時間來適應 Discord 的操作。這部分除了使用者自己摸索之外，就是盡可能的在他們遇到問題並且在頻道提問時提供一些指引與幫助。

較封閉的社群環境

Discord 是一個非常適合互動、經營深度關係的工具。不過如果要加入到一個 Discord 伺服器裡面，需要使用者先主動找到伺服器邀請連結，並且登入自己的 Discord 帳號。不像 Facebook、Instagram、X（原 Twitter）這種社群媒體有演算法的機制，能夠透過內容主動的去觸及不同的使用者，或是能夠直接將內容分享出去，使用者即使不登入帳號也有機會看到這些社群媒體的內容。因此在傳散效果上，Discord 只能向內觸及伺服器成員，很難向外做到內容的宣傳。

因此我們也有在嘗試不同的社群媒體，譬如經營 X（原 Twitter）帳號，或是把活動舉辦在 X（原 Twitter）的 Space（即時音訊功能），嘗試利用不同的管道來接觸不一樣的人群，透過這樣的方式讓更多人認識 Matters。

> 最後感謝 Matters 團隊成員「多比」、「映昕」以及共建者「閱讀筆耕」、「Denken」、「Robert」、「Swift Evo」針對 Discord 的社群經營經驗進行分享。

CHAPTER 28 創作者開課的好幫手 Teachify 開課快手

　　於 2021 年 4 月 1 日上線的 Teachify 是一個開課平台，不過跟大家所認知的開課平台有很大的不同。Teachify 是一間 SaaS（軟體即服務）公司，提供一整套的開課服務系統，包含架設課程網站、上傳課程內容、會員管理、收費金流，所有在線上開課所需要的功能都涵蓋在內。想要開課的創作者可以自行決定課程售價，也能夠安裝像素來掌握網站數據，不需具備任何的技術背景，只要有想法、能夠製作課程內容，剩下都可以透過 Teachify 提供的系統與功能來完成。

　　Teachify 也經營了一個橫跨中文、英文和日文的 Discord 伺服器。這個 Discord 伺服器除了提供 Teachify 最新的相關資訊之外，任何使用上的問題也都有機會得到 Teachify 團隊成員的回答，除此之外也有機會與其他使用 Teachify 的創作者交流系統的使用心得與技巧。

　　Teachify 創辦人林宜儒（Lawrence Lin）大方的分享了從新創企業的角度，是怎麼樣看待 Discord 這個社群交流軟體，以及如何運用 Discord 做為與消費者的溝通工具。

　　Teachify Discord 伺服器邀請連結：https://discord.com/invite/ZqQ3qnwQKF

Q：Teachify 選擇 Discord 做為與消費者的溝通管道的原因是甚麼？

做為一個以全球市場為目標的網路新創企業，我認為能夠掌握科技的趨勢是很重要的一件事情。以我現在在美國生活的所見所聞，其實有非常多國外新創團隊，也都會使用 Discord 做為團隊之間或是與消費者之間的溝通工具。

我記得有一句大家耳熟能詳的話是這樣說的：「歷史也許不會重演，但會押韻。」（History doesn't repeat itself, but it does rhyme.）社群平台不斷的演進，每個時代都有被年輕人擁抱的平台，像是現在會被新聞媒體笑說是老人使用的 Facebook，曾經也都是年輕人在使用的，但是人終究會長大、衰老。而 Discord 現在擁有許多年輕的使用者，擁抱年輕的工具、年輕的平台，可以讓我們探索更多未來的可能性。

許多科技產品的早期採用者，都是樂意嘗試新產品的使用者，這也是我們想要吸引的一群用戶，這群早期採用者也有比較高比例擁有 Discord 帳號。透過開啟 Discord 這樣一個與消費者或是潛在消費者的溝通管道，我相信原本就有 Discord 帳號的人，當他們看到 Teachify 也有一個 Discord 伺服器時，會感到特別的親切，可能也會更有意願先進到我們的 Discord 伺服器來看看 Teachify 到底是一個甚麼樣的產品。對於那些原本沒有 Discord 帳號的人，他們也許看到 Discord 不會有特別的感覺，為此我們也有開啟其他的溝通管道來服務他們，譬如台灣最常見的 LINE。我們也是有針對在地化的市場，開設 LINE 官方帳號來服務在台灣習慣使用 LINE 的消費者。

我們有開設 Facebook 社團、Instagram 帳號、LINE 官方帳號、Discord 伺服器等等不同的社群媒體與消費者接觸。

像是 Facebook 社團、Instagram 帳號這些都是以向外推廣為主要目的，而 LINE 帳號是為了符合台灣市場大眾的普遍使用習慣而設立。只有 Discord 伺服器的定位比較不一樣，Discord 的使用目的主要是用來探索、了解消費者需求。

Discord 本身沒有演算法、沒有廣告，所以基本上它也無法做為一個向外推廣的工具。會加入 Discord 伺服器的人，都是原本已經在使用我們產品、或是認真考慮要使用的消費者。這些人可以直接到伺服器裡面與我們的團隊互動，或是與其他產品用戶交流，透過這些互動的過程，我們可以更直接的瞭解使用者的需求，或是他們使用產品時遇到的狀況。現階段對 Teachify 來說，最重要的就是推出更多符合使用者需求的功能。

定位出每個管道的功能後，Discord 伺服器的人數增長就不會是現階段要追求的目標，因為這等於要做另外的 Discord 伺服器推廣，才能拉更多的人進來。我們希望能夠引導既有的產品使用者加入我們的 Discord 伺服器，透過他們瞭解更多的產品回饋，然後把推廣 Teachify 的任務交給那些有演算法的平台，因為它們可以觸及到更多不同的使用者。

> **Q：Discord 伺服器在性質上與 Facebook 社團比較接近，成員之間都有比較多的機會可以互動，怎麼區分這兩個社群？**

Discord 本身是一個比較偏向匿名的社交軟體，不像在 Facebook 上，大家比較會揭露更多私人資訊。加入 Facebook 社團，其他使用者有可能會透過你的 Facebook 個人檔案看到更多屬於你的資訊，容易先貼上一些標籤。像是以前做其他產品的時候，就曾經在 Facebook 上面遇到母語為英語的使用者，看到我的個人照片是華人，又在個人動態牆上發了很多中文的內容，就會質疑我是不是能夠用英文與他們溝通。這種情形就完全不會在 Discord 發生，使用者在 Discord 交流的時候，比較不會有先入為主的刻板印象或是預設立場。

加上 Discord 有身分組的功能，可以透過設定身分組權限的方式，讓不同語言的使用者能夠用熟悉的語言在各自獨立的頻道交流。Teachify 的 Discord 伺服器就有針對中文、英文、日文設定不同的身分組，可以在一個伺服器裡面接觸到來自不同市場的消費者，對於我們來說這一點也是相當重要的。

Facebook 社團的發文還容易受到平台演算法的影響，加入 Facebook 社團，並不保證就一定不會錯過社團裡面的發文。曾經有使用者反應，Facebook 過了 5 天才把一個已經結束的活動貼文推播給他，像這種狀況就不會在 Discord 上發生。Discord 可以讓使用者自己決定伺服器裡的頻道哪些要靜音、哪些要收到通知；也不會在看一個頻道時，突然被推播其他不相關的資訊，而讓注意力被吸走，使用者可以專注在當下的瀏覽或是互動體驗上。

經營 Facebook 社團，雖然使用者可能會錯過一些資訊，但發佈的內容轉發出去比起 Discord 更容易接觸到不一樣的群眾，因此 Facebook 社團在功能比較是推廣 Teachify 的角色。大部分的人對於 Facebook 也比較熟悉，不太會有使用上的門檻。

Q：提到使用者門檻，Discord 的確對新手比較不友善，從伺服器管理者的角色怎麼看待這一點？

Discord 的確不是可以快速簡單上手的軟體，尤其對於那些只想要傳傳訊息、簡單溝通的使用者，他們可能只會先注意到 Discord 複雜的介面。但 Discord 的使用介面設計得相當好，也有多國語言翻譯，新手需要先花一些時間來熟悉介面的操作。

複雜度和介面設計得好不好是兩件可以分開來看的事情。複雜一點的系統其實對於伺服器的管理者來說是非常好的，因為能夠設定的東西很多，代表能夠應對更多不同的使用狀況，可以更好的管理社群，更有效率的回應客戶。

最後感謝林宜儒（Lawrence Lin）以跨國新創團隊的角度，分享他對於經營 Discord 伺服器的看法。

CHAPTER 29 手機遊戲《神魔之塔》官方玩家社群

　　《神魔之塔》是一款由香港公司 Madhead 所開發的手機轉珠遊戲，從 2013 年 1 月底上線至今，已陪伴玩家超過 10 年的時間。

　　《神魔之塔》團隊於 2019 年 10 月開始跨足 Discord 經營屬於《神魔之塔》的官方伺服器，提供一個能夠讓玩家彼此互相交流、同時也有機會與官方團隊直接互動的網路空間。

　　這次很榮幸可以邀請到《神魔之塔》社群管理員 Ashley 以及 Edmond 來分享關於 Discord 伺服器的營運心得。

　　《神魔之塔》Discord 伺服器邀請連結：
https://discord.gg/towerofsaviors

Q：是哪些因素，讓《神魔之塔》在 2019 年決定採用 Discord 做為與玩家溝通的管道之一？

　　團隊一直以來都不斷的在尋找及改善與玩家之間的溝通效率，希望能夠更即時蒐集玩家的回饋意見、更貼近玩家習慣使用的溝通管道。Discord 自然也就成為了團隊經營社群的目標平台之一。

　　2019 年開始經營 Discord 還有一個契機，就是當年「RC 語音」宣佈在台灣停止營運。我們發現台灣玩家對於這種能夠即時溝通的平台是有使用需求的。團隊比較了市面上不同的平台和管道以後，最終選擇了 Discord，因為其在性質與即時溝通的表現上，跟 RC 語音有很多相似的地方。

除此之外，在 2019 年當時，Discord 已經是一個在市場上推出了 4 年多的產品，不管在產品功能或是使用體驗上都已經是一個相當成熟的產品，同時使用人數也不斷的增加，其中就包含了大量的遊戲玩家用戶。所以順應潮流的就建立了《神魔之塔》的 Discord 官方伺服器。

Q：《神魔之塔》團隊經營著許多不同的社群媒體，如何定位 Discord 伺服器的功能？

Madhead 非常重視玩家的回饋意見，所以我們同時經營著許多不一樣的社群媒體；有些以單向資訊傳播為主要目的，也有些以雙向溝通為主要目的。在我們的團隊裡，每個人都會依據不同的專長，專職負責不同的社群媒體。像是 Edmond 就是一個非常重度的 Discord 使用者，會研究很多 Discord 的功能與使用方式，因此從 2019 年 Discord 伺服器創立到現在，主要負責營運的人就是 Edmond。

像是 Facebook 專頁以及 YouTube 頻道，這種管道的營運重點，會比較偏向資訊的傳播。雖然玩家可以透過留言、評論等等的方式來表達想法，我們也都很重視這些意見，但是論起即時性的話，那絕對不會比 Discord 這種專注在社群交流用途的軟體還要來得快。

Discord 的本質就是一個可以自由交流的聊天室，我們希望能夠營造一個自由的、悠閒的《神魔之塔》交流空間，玩家可以在這個地方交流任何與遊戲相關的內容。許多遊戲活動推出以後，第一時間就可以在 Discord 裡面看到玩家對於活動內容的想法，透過這些發言可以快速的瞭解玩家對新釋出內容的第一印象以及評價，團隊也可以根據這些資訊來快速的應對一些可能的突發狀況，或是針對日後的活動內容進行更貼合玩家需求的規劃。經營 Discord 對於《神魔之塔》團隊最大的幫助，就是能夠在第一時間，掌握到玩家的想法與回饋。

> Q：有很多由玩家創建的第三方論壇或是社群，在這些地方玩家會更願意吐露心聲。團隊怎麼看待官方伺服器中的玩家討論內容？

的確，在我們經營的 Discord 伺服器裡面發言，是要遵守伺服器規範的；也因為這是官方經營的伺服器，所以我們會比較嚴格控管不符合規範的內容，除了確保所有玩家都可以有一個舒適的討論空間之外，也是希望能夠維持《神魔之塔》一貫的品牌形象。

在官方的 Discord 伺服器裡面，只要討論內容符合伺服器規範，我們也不會過於干擾玩家之間的互動。但也正是因為這是由官方經營的伺服器，所以我們很認真的看待所有伺服器裡的對話內容，從中其實可以發掘很多對於改善《神魔之塔》玩家體驗很寶貴的訊息。很多玩家也知道這一點，所以當他們有訴求或是回饋意見希望被官方看到的時候，就會到我們的伺服器不斷的提到這些內容。這些對話我們都是會看到的，團隊真的很重視玩家的任何意見。

雖然我們很關心玩家的想法，也很樂意與玩家互動，但有些資訊還是無法直接與玩家分享。譬如說尚未公開的未來遊戲改版資訊，這些不可能事先透露，不過等到時間到了，自然會公開讓所有玩家知道；還有一些是涉及玩家個人帳號的客服問題，會由專職的客服團隊來處理，我們無法直接在 Discord 伺服器替玩家解決問題。遇到這種類型的問題時，我們會盡可能引導玩家去能夠聯繫客服團隊的管道回報。當然因為公司內部團隊分工，一般玩家也很難分清楚哪些問題可以在 Discord 反應，哪些需要去尋找客服協助；不過既然這是一個官方經營的伺服器，只要有任何意見，我們都很樂於提供幫助，伺服器內的熱心玩家也會很願意協助引導。

另外在 Covid 疫情期間，原本每隔半年舉行一次的實體玩家交流會，也轉換成線上的形式，在 Discord 線上舉辦，透過每次大版本改版的時間來蒐集玩家的意見。每一次的 Discord 交流會都會創建一個全新的文字頻

道，所有團隊與玩家的對話過程都會清楚的記錄在頻道中，在交流會結束後，會將這個頻道保留一週的時間，確保玩家都清楚的瞭解這些資訊。這樣的方式使得我們在疫情期間還是可以持續保持與玩家之間緊密的交流。

Q：覺得 Discord 在功能上與其他性質比較相近的其他軟體來說，有哪些優缺點？

以優點來說的話，Discord 提供了一個自由度很高的空間讓社群管理者可以依據需求做各種設定，像是權限方面有非常多細緻的設定，這點是其他同類型軟體現階段很難比得上的。

另外身分組的功能也是其他同類型軟體比較缺乏的。在《神魔之塔》Discord 伺服器裡面就有不少使用身分組機制的趣味活動，譬如搭配遊戲內的特別活動及賽事，在 Discord 伺服器也會推出相關的特殊身分組讓玩家領取做為紀念，在限定的時間內領取到特殊身分組的玩家，其 Discord 暱稱也會呈現特殊的顏色；另外也有活躍身分組的機制，讓一定期間內踴躍參與互動的玩家可以得到期間限定的身分組。這些都是透過 Discord 既有的功能來增添一些互動的小趣味。

說到缺點的話，也是公開的網路環境都會遇到的狀況，就是時不時會有不肖人士散播詐騙訊息或是有病毒的連結，誘騙不知情的玩家上當。這種狀況真的是防不勝防，只能不斷的對社群內的玩家宣導，盡量讓大家建立基礎的資安意識。Discord 官方在這方面也不斷的推出新的防範機制，像是推出 Automod、安全警訊通知等等功能，盡可能的讓這些惡意訊息一出現就被系統阻擋。不過道高一尺魔高一丈，新的詐騙手法也持續推陳出新，只能反覆的提醒玩家留意，或是遇到狀況時盡快回報官方人員。

最後感謝 Ashley 以及 Edmond 無私的分享關於《神魔之塔》Discord 伺服器的營運心得。